蔬果汁

6000例

甘智荣／主编

重庆出版集团 重庆出版社

U0212951

图书在版编目（CIP）数据

蔬果汁6000例/甘智荣主编. --重庆:重庆出版社,
2016.5
　ISBN 978-7-229-09583-3

　Ⅰ.①蔬… Ⅱ.①甘… Ⅲ.①蔬菜－饮料－制作②果
汁饮料－制作 Ⅳ.①TS275.5

中国版本图书馆CIP数据核字(2015)第048535号

蔬果汁6000例
SHUGUOZHI 6000 LI

甘智荣　主编

责任编辑：刘　喆
责任校对：李小君
装帧设计：金版文化·伍　丽
摄影摄像：深圳市金版文化发展股份有限公司
策划编辑：深圳市金版文化发展股份有限公司

重庆出版集团　出版
重庆出版社
重庆市南岸区南滨路162号1幢　邮政编码：400061　http://www.cqph.com
深圳市雅佳图印刷有限公司印刷
重庆出版集团图书发行有限公司发行
邮购电话：023-61520646
全国新华书店经销

开本：720mm×1016mm　1/16　印张：16　字数：220千
2016年5月第1版　2016年5月第1次印刷
ISBN 978-7-229-09583-3

定价：29.80元

如有印装质量问题，请向本集团图书发行有限公司调换：023-61520678

中国有句老话："民以食为天。"试想一下，餐桌上有汤有菜，有肉有饭，再来一杯调剂味觉、调剂情调的多彩饮品，是不是觉得生活也变得如此的令人期待呢？

为满足广大家庭烹饪爱好者的需要，满足您对健康和美食的追求，我们精心编写了这套"超实惠烹饪6000例"系列丛书。"超实惠烹饪6000例"系列丛书分为《诱惑湘菜6000例》《过瘾川菜6000例》《大众菜6000例》《百姓菜6000例》《家常小炒6000例》《简易菜分步详解6000例》《百姓汤6000例》《主食小吃6000例》以及《蔬果汁6000例》这九大板块，囊括各式经典菜式、汤品、主食、小吃、饮品，全方位、立体展示了美食的诱人味道，寓美食于日常生活里，让我们于美食中享受生活。

本书由中国烹饪大师甘智荣师傅主编。他从事烹饪工作多年，专业造诣深厚，精通粤、川、湘、赣、闽等诸多菜系美食的烹调，擅长冷热菜制作、食品雕刻、面点工艺，对新派菜品的研发独具天赋。在此，特邀您共享舌尖上的盛宴，为您打造最超值、最全面的烹饪好帮手。

本套丛书所提及的"烹饪6000例"由美味菜品、烹饪方法、家常食材介绍以及常识介绍等构成。书中菜品精致、做法简单、食材全面、内容实用、查找方便，是一套高品质的烹饪指南丛书。本套书在菜品选取上均依据原料易购、操作简便、健康美味的三大原则，每菜一图，以简洁的文字对每款菜的用料配比、制作方法、营养功效、特定人群等常识作了介绍，还对一些菜肴配以制作步骤图，用以分步详解，使读者能够更好地抓住重点，达到一学就会的实用目的。

当然，本套丛书最大的特色在于充分利用了时下最流行的"二维码互动"元素。您只需扫描书中出现的二维码，即可链接高清烹饪视频，随时随地与大厨互动，零基础学做美味佳肴。

按书习做，相信您的厨艺一定会有明显提高，可把最为平淡的日常饭菜也做得有滋有味，让那些常见食材也能变化出繁复的花样，为生活增添新的乐趣与期待。

我们衷心希望本丛书的面世能给您和您的家人带来美味和营养，送去快乐和幸福，让美味呈现在我们平凡但不平淡的一日三餐中。

果园里的水果，菜园里的蔬菜，无时无刻不在散发着诱人的香气。将这些蔬果混合在一起食用，不但能够调剂它们单一乏味的颜色，去掉过于浓重的味道，而且具有改善身体健康的作用。

蔬果汁是综合蔬菜和水果特性运用榨汁机打成的饮品，近年来成了有益健康的流行饮料。因为蔬果本身含有丰富的营养成分，打成汁后可以改善口感，增加蔬果的摄入量，对于肠胃欠佳或咀嚼不便的人来说，也是补充营养的好方法。而且这种处理方式里蔬果不需要烹调，营养成分不会被破坏，人体一次吸收的养分更多、更完整。

每种果汁都有自己不同的营养价值，多种蔬菜、水果混合食用，可以使营养更加均衡，又可避免因品种单一造成味道欠佳的缺点。家中常备的蔬菜和水果，稍加组合，就能打造出多种不同口味和功效的蔬果汁。

本书分六个章节，分别介绍果汁、蔬菜汁、蔬果汁、花草药茶、咖啡、奶茶、奶昔、圣代、果醋、冰点冷饮等饮品。

第一章"自制蔬果汁常识"将为您系统介绍制作蔬果汁的基础知识和基本技法，包括自制蔬果汁必备工具、榨蔬果汁注意事项，以及常见蔬菜、水果的洗切方法等内容。第二章介绍了日常生活中常见水果的果汁制作方法，每一种果汁都详细介绍了制作的材料以及做法步骤，让读者一目了然，零失败成功制作美味果汁。第三章为读者精选了一些美味营养蔬菜汁的制作方法，列有详细的材料及做法介绍，实践操作简单，适合家庭自制。第四章介绍了不同搭配的蔬果汁。合理的搭配和专业的调配才能做出好喝、营养又健康的蔬果汁，在家就能轻松享受天然蔬果汁，饮出健康生活！第五章介绍了花草药茶的制作方法。花草药茶品种繁多、口味丰富、形态优美、茶色艳丽。第六章分别介绍了咖啡、奶茶、奶昔、圣代等几种饮品的制作方法。同时，还向读者介绍冰点冷饮的制作方法，教您在家DIY冰点冷饮，营造"清凉一夏"的感觉。

全书细致入微地为读者全面介绍蔬果汁的制作方法，直观、精美的图文设计，将带给您全新的阅读享受。根据书中精确的食材用量和详细的制作步骤，您完全可以每天抽出几分钟的时间，自己动手制作出健康、营养、美味的蔬果汁。

编者衷心希望本书能帮助广大读者在家轻松自制蔬果汁。本书在编撰的过程中难免出现纰漏，欢迎广大读者提出宝贵意见。

目录 CONTENTS

第一章 自制蔬果汁常识

第二章 果汁

第三章 蔬菜汁

第四章 蔬果汁

蔬果汁6000例

第五章 花草药茶

第六章 多彩饮品

第一章
自制蔬果汁常识

如今，人们对食补已经不再陌生，蔬菜及水果的健康功效更是广受关注。每天多摄取蔬菜和水果的确非常重要，但千篇一律的菜谱容易使人厌倦。自制果汁就不一样了，只要将不同原料进行组合，既可品尝到各种风味，又能按自己喜好调节味道。它不但有市场上果汁所没有的新鲜味道，而且避免了烹调加热导致的营养损耗，可保证养分充分吸收，另外制作方法也很简单。

自制蔬果汁必备工具

要想制作出营养鲜美的蔬果汁，离不开榨汁机、搅拌棒等"秘密武器"，这些"秘密武器"您都会用了吗？在榨汁工具的使用过程中，还要注意哪些问题呢？在这里，我们就把一些经常会用到的榨汁工具给大家做个介绍。

榨汁机

榨汁机是一种可以将蔬菜水果快速榨成蔬果汁的机器。榨汁机的消费群体主要有两类：一类是有孩子或老人的家庭，孩子容易挑食而老人牙齿不好，自己榨果汁可以保证他们摄入足够的营养；另一类是追求时尚及生活品位的年轻人，榨汁机满足了他们崇尚个性口味的需求。

配置：主机、刀片、滤刀网、出汁口、推果棒、果

汁杯、果渣桶、顶盖。

功用：榨果汁。

使用方法

（1）把材料洗净后，切成可以放入给料口的小块。

（2）放入材料后，将杯子或容器放在饮料出口下面，再把开关打开，机器会开始运作，同时再用挤压棒往给料口挤压。

（3）纤维多的食物应直接榨取，不要加水，采用其原汁即可。

使用注意

（1）不要直接用水冲洗主机。

（2）在配件未安装到位时，请不要用手触动开关。

（3）刀片部和杯子组合时要完全拧紧，否则会出现漏水及杯子掉落等情况。

清洁建议

（1）榨汁机如果只用来榨制蔬菜或水果，则用温水冲洗并用刷子清洁即可。

（2）若用榨汁机榨制油腻的东西，清洗时则可在水里加一些洗洁剂。无论如何，榨汁机用完之后应立刻清洗。

选购榨汁机的诀窍

第一，机器必须操作简单、便于清洗。

第二，转速一定要慢，至少要在100转/分以下，最好是70～90转/分。

第三，最好选用手动的，电动的营养流失比较严重。

砧板

塑料砧板较适合切蔬果类。切蔬果和肉类的砧板最好分开，除可以防止食物细菌交叉感染外，还可以防止蔬菜、水果沾染上肉类的味道，影响蔬果汁的口味。

清洁建议

（1）塑料砧板每次用完后要用海绵沾漂白剂清洗干净并晾干。

（2）不要用太热的水清洗，以免砧板变形。

（3）每星期要用消毒水浸泡砧板一次，每次浸泡15分钟，再用大量温开水冲洗净，晾干。

选购诀窍

（1）看整个砧板是否完整，厚薄是否一致，有没有裂缝。

（2）塑料砧板要选用无毒塑料制成的。

水果刀

水果刀多用于削水果、蔬菜等食品。家里的水果刀最好是专用的，不要用来切肉类或其他食物，也不要用菜刀或其他刀来削水果和蔬菜，以免细菌交叉感染，危害健康。

清洁建议

（1）每次用完水果刀后，应用清水清洗干净，晾干，然后放入刀套。

（2）如果刀面生锈，可滴几滴鲜柠檬汁在上面，轻轻擦洗干净，用这种方法除锈，既清洁消毒，又安全，无任何毒副作用。

（3）切勿用强碱、强酸类化学溶剂洗涤。

选购诀窍

（1）产品的标志应清晰，并有制造厂名称、商标、地址、产品标记、联系方式等。

（2）商品表面应光亮，无划伤、凹、坑、皱褶等缺陷。

搅拌棒

搅拌棒是让果汁中的汁液和溶质能均匀混合的好帮手，不必单独准备，以家中常用的长把金属汤匙代替即可。果汁制作完成后倒入杯中，这时用搅拌棒搅匀即可。

清洁建议

搅拌棒使用完后立刻用清水洗净、晾干。

扫一扫，直接观看
苦瓜芦笋汁的制作视频

榨蔬果汁注意事项

　　榨蔬果汁前一定要做好各种准备工作，要注意挑选新鲜的蔬菜和水果，要懂得如何正确清洗和保存蔬菜和水果，注意到了这些问题，才能榨出鲜美的蔬果汁。

正确挑选蔬菜和水果

　　挑选蔬菜首先要看它的颜色，各种蔬菜都具有本品种固有的颜色、光泽，显示蔬菜的成熟度及鲜嫩程度。新鲜蔬菜不是颜色越鲜艳越好，如购买干豆角时，发现它的绿色比其他的蔬菜还要鲜艳时要慎选。其次要看形状是否有异常，如有蔫萎、干枯、损伤、变色、病变、虫害侵蚀，则为异常形态，还有的蔬菜由于人工使用了激素类物质，会长成畸形；最后要闻一下蔬菜的味道，新鲜蔬菜具有清香、甘辛香、甜酸香等气味，不应有腐败味和其他异味。

　　挑选水果首先要看水果的外形、颜色。尽管经过催熟的果实呈现出成熟的性状，但果实的皮或其他方面还是会有不成熟的感觉。比如自然成熟的西瓜，由于光照充足，所以瓜皮花色深亮、条纹清晰、瓜蒂老结；催熟的西瓜瓜皮颜色鲜嫩、条纹浅淡、瓜蒂发青。人们一般比较喜欢"秀色可餐"的水果，而实际上，其貌不扬的水果倒是更让人放心。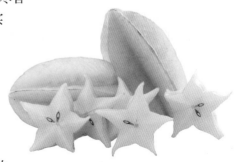其次，通过闻水果的气味来辨别。自然成熟的水果，大多在表皮上能闻到一种果香味；催熟的水果不仅没有果香味，甚至还有异味。催熟的果子散发不出香味，催得过熟的果子往往能闻得出发酵气息，注水的西瓜能闻得出自来水的漂白粉味。再有，催熟的水果有个明显特征，就是分量重。同一品种大小相同的水果，催熟的、注水的水果同自然成熟的水果相比要重很多，很容易识别。

正确清洗蔬菜和水果

　　清洗蔬菜有以下几种方法

　　淡盐水浸泡：一般蔬菜先用清水至少冲洗3~6遍，然后放入淡盐水中浸泡1小时，再用清水冲洗1遍。对包心类蔬菜，可先切开，放入清水中浸泡2小时，再用清水冲洗，以清除残留农药。

碱洗：先在水中放上一小撮碱粉或碳酸钠，搅匀后再放入蔬菜，浸泡5~6分钟，再用清水漂洗干净。也可用小苏打代替，但要适当延长浸泡时间到15分钟左右。

用开水泡烫：在做青椒、菜花、豆角、芹菜等时，开榨前最好先用开水烫一下，可清除90%的残留农药。

用日照消毒：阳光照射蔬菜会使蔬菜中部分残留农药被分解、破坏。据测定，蔬菜、水果在阳光下照射5分钟，有机氯、有机汞农药的残留量会减少60%。方便贮藏的蔬菜，应在室温下放两天左右，残留化学农药平均消失率为5%。

用淘米水洗：淘米水属于酸性，有机磷农药遇酸性物质就会失去毒性。在淘米水中浸泡10分钟左右，用清水洗干净，就能使蔬菜残留的农药成分减少。

清洗水果的方法

清洗水果农药残留的最佳方式是削皮，如柳橙、苹果。若是连皮品尝水果，如杨桃、芭乐，则务必以海绵菜瓜布将表皮搓洗干净，或是将水果浸泡于加盐的清水中约10分钟（清水：盐＝500毫升：2克），再以大量的清水冲洗干净。同时由于水果是生食，因此最后一次冲洗必须使用凉开水。

正确保存蔬菜和水果

瓜果类蔬菜相对来说比较耐储存，因为它们是一种成熟的形态，是果实，有外皮阻隔外界与内部的物质交换，所以保鲜时间较长。越幼嫩的果实越不耐存放，比如嫩的黄瓜、豆荚类蔬菜，因为越细嫩的蔬菜代谢越快，老化得也快。在适宜的温度下，西红柿能保存2~3周，辣椒可存放7~10天，黄瓜和菜豆类3~4天，西葫芦等一些老熟状态的瓜菜可保存1~2个月。

有些水果（如鳄梨、奇异果）在购买时尚未完全成熟，此时必须放置于室温下几天，待果肉成熟软化后再放入冰箱冷藏保存。若直接将未成熟的水果放入冰箱，则水果就成了所谓的"哑巴水果"，再也难以软化了。由于水果容易氧化，所以建议制作饮品时能秉持"现做现喝"的原则，食材营养才不容易流失。

✳ 常见食材的清洗图解

▶ 油菜的清洗

扫一扫，看看
油菜的多种清洗方法

1.油菜叶一片片摘下，放进洗菜盆，加水和食盐搅匀，浸泡5分钟。

2.用手抓洗油菜，放在流水下冲洗干净，装盘子里，沥干水分即可。

▶ 芹菜的清洗

扫一扫，看看
芹菜的多种清洗方法

1.去叶的芹菜放在盛有水的盆中，在水中加盐拌匀，浸泡10~15分钟。

2.用软毛刷刷洗芹菜秆，再用流动的水冲洗两到三遍，沥干水即可。

▶ 南瓜的清洗

扫一扫，看看
南瓜的多种清洗方法

1.将整个南瓜一分为二。

2.将分好的南瓜切去南瓜蒂，再去皮。

3.然后将南瓜一分为二。

4.用小勺挖去瓜瓤。

5.放在盆中用清水冲洗干净，沥干水即可。

▶ 西蓝花的清洗

1. 将西蓝花放入清水中，加入适量的食盐，搅匀。

2. 浸泡15分钟左右，用手清洗，放在流水下冲洗，沥干水分即可。

扫一扫，看看
西蓝花的多种清洗方法

▶ 西红柿的清洗

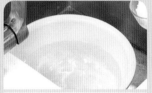

1. 在洗菜盆中加入清水和少量的食盐，放入西红柿，浸泡几分钟。

2. 用手搓洗西红柿表面，除蒂头，用水冲洗2～3遍，沥干水分即可。

扫一扫，看看
西红柿的多种清洗方法

▶ 山药的清洗

1. 将山药放在流水下，用手搓洗干净。

2. 用刮皮刀将山药表皮刮除。

3. 将去皮的山药放在盆里，加入清水。

4. 加入适量食盐，浸泡15分钟左右。

5. 用手搓洗山药，放在流水下冲洗，沥干水分即可。

扫一扫，看看
山药的多种清洗方法

▶ **苹果的清洗**

扫一扫，看看
苹果的多种清洗方法

1.将牙膏挤在苹果表面，用手揉搓苹果，把牙膏搓匀。

2.将苹果放在流水下冲洗，沥干水分即可。

▶ **梨的清洗**

扫一扫，看看
梨的多种清洗方法

1.梨泡在清水中，加入适量的食盐，浸泡3～5分钟，可略微搅拌。

2.用清水冲洗干净即可。

▶ **葡萄的清洗**

扫一扫，看看
葡萄的多种清洗方法

1.将葡萄放到流动的水下，简单冲洗一下。

2.将葡萄放进盆里，注入适量的清水。

3.加入适量的淀粉，浸泡5分钟。

4.用手揉搓，不要太用力。

5.用清水冲洗干净即可。

► **火龙果的清洗**

1.火龙果放入盆中，往盆中注入清水，用手将火龙果简单搓洗一遍。

2.将火龙果放在流水下冲洗干净，沥干水分即可。

扫一扫，看看
火龙果的多种清洗方法

► **番石榴的清洗**

1.将番石榴放进盆里，注入清水，加入适量的果蔬清洁剂。

2.用手轻轻地搓洗，再用清水冲洗干净，捞起沥干即可。

扫一扫，看看
番石榴的多种清洗方法

► **香瓜的清洗**

1.香瓜放入盆中，注入清水，加食用碱。

2.略微搅拌一下，浸泡10～15分钟。

3.捞起香瓜，用流水冲洗干净。

4.切去瓜脐部位和瓜蒂。

5.用削皮刀将香瓜皮削去。

扫一扫，看看
香瓜的多种清洗方法

▶ **猕猴桃的清洗**

扫一扫，看看
猕猴桃的多种清洗方法

1.将猕猴桃放在淘米水中，浸泡15分钟左右。

2.用手将猕猴桃表面的毛搓洗干净，放在流水下冲洗，沥干水分即可。

▶ **橘子的清洗**

扫一扫，看看
橘子的多种清洗方法

1.将橘子放进盆子里，加入适量的清水。

2.用毛刷刷洗橘子表面，再用清水冲洗干净即可。

▶ **杨桃的清洗**

扫一扫，看看
杨桃的多种清洗方法

1.将杨桃放入盆中，注入适量的清水，再倒入适量淀粉，搅拌均匀。

2.将杨桃浸泡几分钟后搓洗几次，捞起，用清水冲洗干净，沥干水分即可。

▶ **柠檬的清洗**

扫一扫，看看
柠檬的多种清洗方法

1.容器里加水，加入淀粉搅匀，将柠檬放入水中，浸泡10分钟左右。

2.用清水将柠檬冲洗干净，沥干水分即可。

▶ **李子的清洗**

1.将李子放进盆子里，注入适量的清水，加入适量的果蔬清洗剂。

2.用手搓洗李子，再用清水冲洗干净即可。

扫一扫，看看
李子的多种清洗方法

▶ **西瓜的清洗**

1.将西瓜放入水池，一边放水冲洗，一边用刷子轻刷瓜皮。

2.仔细清洗瓜蒂和瓜脐，用清水将西瓜冲洗干净，沥干水分即可。

扫一扫，看看
西瓜的多种清洗方法

▶ **芒果的清洗**

1.将芒果放进淘米水中，浸泡5分钟左右。

2.用手搅动清洗芒果，用清水将芒果冲洗干净，沥干水分即可。

扫一扫，看看
芒果的多种清洗方法

▶ **菠萝的清洗**

1.将菠萝浸入水中，用刷子刷洗菠萝的外皮，将污物洗掉。

2.将菠萝在流水下冲洗干净，沥干水分即可。

扫一扫，看看
菠萝的多种清洗方法

❋ 常见食材的切法图解

▶ **芹菜切丝**

成品图展示

1.取一段洗净的芹菜，将菜秆上的老茎削去。

2.将芹菜秆横向切成等长的段。

3.用平刀法将芹菜段片成薄片。

4.将所有的薄片摆放整齐。

5.将薄片切成细丝状。

6.以此方法将所有的薄片切成细丝即可。

▶ **南瓜切丁**

成品图展示

1.取一块去皮去子、洗净的南瓜，切去瓜瓤。

2.将南瓜块竖放，切成厚片。

3.以此法将其余的南瓜都切成厚片。

4.将厚片平放，切成宽条形。

5.将切好的宽条南瓜整齐放好，一端对齐。

6.将宽条南瓜顶刀切成南瓜丁。

▶ 西红柿切丁

 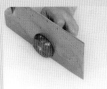 

1.将洗净的西红柿的蒂部切除。

2.将西红柿切成大圆块。

3.将大圆块切条。

扫一扫，看看
西红柿的多种切法

4.将所有的大圆块都切成条。

5.西红柿条摆放整齐。

6.将西红柿条切成丁即可。

成品图展示

▶ 山药切条

 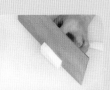

1.取一块洗净的山药，将一侧切平整。

2.把山药切块状。

3.将所有山药依次切块状，再将另一侧切平整。

扫一扫，看看
山药的多种切法

4.将山药块切成条状。

5.依次切同样的条。

6.将山药都切成均匀的条状即可。

成品图展示

▶ 苹果切瓣

成品图展示

1.取洗净的苹果，纵向对切。

2.取其中一半，用刀在果蒂部位切一个小口。

3.将果蒂切除。

扫一扫，看看苹果的多种切法

4.把苹果切成均匀的四瓣。

5.切除果核部分。

6.将所有苹果瓣的果核切除即可。

▶ 梨切花瓣

成品图展示

1.取一个洗净的梨，切去果蒂部分。

2.从切面处纵向切开。

3.取其中一半，开始切瓣。

扫一扫，看看梨的多种切法

4.同样将另外一半切瓣。

5.将梨全部切成花瓣状。

6.切去梨核即可。

▶ 火龙果切菱形块

1.取一个洗净的火龙果，把果蒂和顶部分别切掉。

2.将火龙果从中间竖着切开，一分为二。

3.取其中一块，剥去皮。

**扫一扫，看看
火龙果的多种切法**

4.纵向从中间一分为二。取其中一块，切去边缘扇形部分。

5.将剩下的果肉切成条。

6.将果条摆成阶梯状，用刀斜切成菱形块即可。

成品图展示

▶ 香蕉切条

1.取一根洗净的香蕉，将一端切去。

2.切一截香蕉下来。

3.将香蕉皮剥下来。

**扫一扫，看看
香蕉的多种切法**

4.将果肉的顶端切整齐。

5.纵切一刀，将香蕉一分为二。

6.将香蕉切成条状即可。

成品图展示

▶ **香瓜切菱形块**

成品图展示

1.取一块去皮，去子的香瓜块。

2.片除瓤心。

3.将香瓜块纵向切成粗条状。

扫一扫，看看
香瓜的多种切法

4.摆放整齐，切去香瓜前端。

5.开始斜刀切块。

6.以此法将整块香瓜切成菱形状。

▶ **猕猴桃切条**

成品图展示

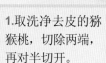

1.取洗净去皮的猕猴桃，切除两端，再对半切开。

2.取其中的一半，准备切厚片。

3.将猕猴桃切成均匀的厚片。

扫一扫，看看
猕猴桃的多种切法

4.将边缘切整齐。

5.再将厚片切成条状。

6.将厚片依次切成均匀的条状即可。

扫一扫，直接观看
橙子胡萝卜香汁的制作视频

▶ 橘子切莲花形

1.取洗净的橘子，沿果脐轻切一刀，不要切到果肉。

2.从切口两头分别向下切，切至果柄部位。

3.在果脐上再轻切一刀，与之前切口方向垂直。

扫一扫，看看
橘子的多种切法

4.同第2步，沿新切口两头切至果柄，呈十字切口。

5.从切口部位掰开果皮。

6.将橘子皮依次掰开，呈现莲花形即可。

成品图展示

▶ 橙子切梳子形

1.取一个洗净的橙子，从中间切开，一分为二。

2.取其中一半，用刀将一端切平。

3.用刀开始切薄片。

扫一扫，看看
橙子的多种切法

4.将橙子依次切成厚薄均匀的片状。

5.将余下的橙子全部切成片状。

6.将成片的橙子放入盘中，摆成梳子状即可。

成品图展示

▶ 柠檬切丝带状

成品图展示

1.取1/2个洗净的柠檬，切成薄片。

2.用刀对半切柠檬片，一端不要切断。

3.用手拿住柠檬的两边，反方向扭转。

**扫一扫，看看
柠檬的多种切法**

4.将柠檬片扭转成丝带状。

5.用同样的方法对切柠檬片。

6.将柠檬片都扭转成丝带状即可。

▶ 李子切块

成品图展示

1.取一个洗净的李子，用刀将李子的一侧切开。

2.翻滚一下，将李子的另一侧也切开。

3.取其中一侧的李子片，切小块状。

**扫一扫，看看
李子的多种切法**

4.将李子片切成块状。

5.将另外一侧的李子片切成小块状。

6.将李子依次切成块状即可。

▶ 西瓜切丁

1.取半块洗净的西瓜，切取一个圆块。

2.将圆块对半切开。

3.片除瓜皮。

扫一扫，看看西瓜的多种切法

4.将瓜瓤切成粗条状。

5.西瓜条堆叠，从中间下刀，切成稍细的条状。

6.把瓜条切成丁状即可。

成品图展示

▶ 芒果切格子状

1.取一个洗净的芒果，纵向切开成两半。

2.取其中的一半，打"一"字刀刀纹，切至底部。

3.整块芒果肉上依次打"一"字刀刀纹，切至底部。

扫一扫，看看芒果的多种切法

4.转一个角度，"一"字刀上再切"一"字刀，成格子纹。

5.在整块芒果肉上打格子纹。

6.用手指将芒果肉顶一下，令其鼓起来即可。

成品图展示

▶ 菠萝切块

成品图展示

1.取一块洗净的菠萝，从中间切成两半。

2.取其中一块菠萝，用斜刀准备切块。

3.从一端开始将菠萝切块。

**扫一扫，看看
菠萝的多种切法**

4.选择合适的大小，将菠萝继续切块。

5.依次将菠萝切成均匀的块状。

6.把余下的菠萝按照同样的方式切好即可。

▶ 哈密瓜切条

成品图展示

1.取洗净的哈密瓜，从中间切开，切除瓤心。

2.取其中一块，从中间切开，一分为二。

3.用刀将瓜皮去掉。

**扫一扫，看看
哈密瓜的多种切法**

4.平刀将瓜块上的肉切平整。

5.将瓜块的尖锐部分切掉。

6.将哈密瓜切成均匀的条状即可。

第二章

果汁

　　果汁保留有水果中相当一部分的营养成分，例如维生素、矿物质、糖分和膳食纤维中的果胶等，不但营养丰富，而且口感也优于普通的凉开水。一年四季，喝上一杯自己亲手制作的新鲜果汁是不错的选择。下面介绍多种果汁的制作方法，相信您一学就会！

苹果

营养黄金组合

苹果+香蕉=防止铅中毒
苹果与香蕉同食，能起到防止中毒的作用。

苹果+银耳=润肺止咳
苹果与银耳同食，具有润肺止咳的功效。

选购：选购苹果时，以色泽浓艳，果皮外有一层薄霜的苹果为好。

保存：用塑料袋将苹果包好，常温下可储存10天左右。

食用禁忌

苹果+海味=腹痛、恶心
苹果与海味同时食用，会引起腹痛。苹果富含糖类和钾盐，冠心病、心肌梗死患者不宜多吃。

功效：①提神健脑：苹果是一种较好的减压补养水果，所含的多糖、钾、果胶、酒石酸、苹果酸、枸橼酸等，能有效减缓人体疲劳，还能增强记忆力。
②降低血糖：苹果中的胶质和铬元素能保持血糖的稳定，所以苹果不但是糖尿病患者的健康小吃，而且是一切想要控制血糖的人必不可少的水果。

材料 苹果2个，水100毫升，绿花椰适量

苹果汁

做法 ①苹果用清水洗净，切成小块。②在榨汁机内放入苹果和水，搅打均匀。把果汁倒入杯中，用苹果片和绿花椰装饰即可饮用。

重点提示 制作苹果汁时，要尽量在短时间内完成。

苹果香蕉柠檬汁

做法 ①将香蕉去皮，切小块；将柠檬洗净，切碎。②将苹果洗净，去核，再切成小块。将所有的材料倒入榨汁机内，搅打均匀即可。

重点提示 苹果要多洗几遍，以洗去残留的农药。

材料 香蕉1根，苹果1个，柠檬1/2个，优酪乳200毫升

⊿苹果猕猴桃汁

（做法）①将猕猴桃去皮，苹果去皮去子，洗净后均切成大小适当的小块。②将所有材料放入榨汁机内一起搅打成汁，滤出果肉。

（重点提示）可以通过观察果皮颜色、果毛粗硬的程度等来判断猕猴桃的好坏。

（材料）苹果1/2个，猕猴桃1个，蜂蜜1小勺，冰水200毫升

苹果柠檬汁⊾

（做法）①苹果洗净，去皮、去核及子后切成小块；柠檬洗净，取1/2个压汁。②将碎冰除外的材料放入榨汁机内，最后在杯中加碎冰即可。

（重点提示）此果汁可以在榨汁的时候加入刨冰。

（材料）苹果60克，柠檬1/2个，凉开水60毫升，碎冰60克

⊿苹果橘子姜汁

（做法）①将橘子去皮、去子。②将苹果洗净，留皮去核，切成块。将所有的材料放入榨汁机内，搅打2分钟。

（重点提示）制作苹果橘子汁时，可将苹果皮保留，但是一定要将苹果洗干净。

（材料）橘子1个，姜50克，苹果1个

苹果菠萝柠檬桃汁⊾

（做法）①桃子洗净，去核切块。②柠檬洗净，切片；苹果洗净，去皮切块；菠萝去皮，洗净切块。③所有的原材料放入榨汁机榨成汁，加冰块。

（重点提示）制作此果汁的苹果和桃子最好先冷藏。

（材料）苹果1个，菠萝300克，桃子1个，柠檬1个，冰块适量

扫一扫，直接观看
葡萄苹果汁的制作视频

苹果青提汁

做法 ①将苹果洗净，去皮、核，切块；将青提洗净，去核。②将苹果和青提一起放入榨汁机中，榨出果汁，然后加入柠檬汁，拌匀即可。

重点提示 柠檬汁可根据个人口味适量加入。

苹果优酪乳 ↘

做法 ①将苹果洗净，去皮、去子，切成小块备用。②将苹果及其他材料放入榨汁机内，快速搅打2分钟即可。

重点提示 可放入少许碎冰，更冰爽可口。

材料 苹果150克，青提150克，柠檬汁适量

材料 苹果1个，原味优酪乳60毫升，蜂蜜30克，凉开水80毫升

苹果葡萄干鲜奶汁

做法 ①将苹果洗净，去皮与核，切小块，放入榨汁机中。②将葡萄干、鲜奶也放入榨汁机，搅打均匀即可。

重点提示 葡萄干一般含有很多杂质，一定要多洗几遍才行。

苹果绿茶优酪乳 ↘

做法 ①将苹果洗净，去皮、核，切小块，放入榨汁机内搅打成汁。②放入绿茶水、优酪乳，拌匀即可饮用。

重点提示 榨好汁之后，可加少许白砂糖摇匀，口味更好。

材料 苹果1个，葡萄干30克，鲜奶200毫升

材料 苹果1个，优酪乳200毫升，绿茶水适量

∠苹果菠萝桃汁

做法 ①将桃子、苹果、菠萝去皮洗净，均切小块，入盐水中浸泡；柠檬洗净，切片。②将所有的原材料放入榨汁机内，榨成汁即可。

重点提示 如果此果汁不甜，可加入一小勺蜂蜜。

苹果蓝莓汁∖

做法 ①苹果用水洗净，带皮切成小块；蓝莓洗净。②把蓝莓、苹果、柠檬汁和水放入榨汁机内，搅打均匀。把果汁倒入杯中即可。

重点提示 为减少维生素的损失，做果汁的动作要快。

材料 苹果1个，菠萝300克，桃子1个，柠檬1/2个

材料 苹果1/2个，蓝莓70克，柠檬汁30毫升，水100毫升

∠苹果番荔枝汁

做法 ①将苹果洗净，去皮，去核，切成块。②番荔枝去壳，去子。将苹果、番荔枝放入榨汁机中，再加入蜂蜜，搅拌30秒即可。

重点提示 以果肉多、无虫害的番荔枝为好。

苹果酸奶∖

做法 ①苹果洗净，去皮，去子，切成小块备用。②碎冰、苹果及其他材料放入榨汁机内，以高速搅打30秒即可。

重点提示 可根据个人口味增加酸奶的分量。

材料 苹果1个，番荔枝2个，蜂蜜20克

材料 苹果1个，原味酸奶60毫升，蜂蜜30克，凉开水80毫升，碎冰100克

扫一扫二维码，下载"掌厨"，出现"掌厨"标志和首页后，点击"搜索"标志，输入食材"梨"，会搜索出107种梨的做法，并可分别观看视频。

梨

 选购：应选表皮光滑、无孔洞、无虫蛀、无碰撞的果实。

 保存：应以防腐、防褐变和防石细胞软化为主要目标。

【营养黄金组合】

梨+橘子=降低血脂

梨和橘子同食，可以降低胆固醇、防止人体老化。

梨+柠檬=预防便秘

梨和柠檬同食，可以预防便秘、动脉硬化、身体老化，还可以预防黑斑、雀斑、老年斑及细纹。

【食用禁忌】

梨+螃蟹=伤肠胃

梨和螃蟹皆为寒性，两者同食会伤肠胃。

 功效：①排毒瘦身：梨水分充足，富含多种维生素、矿物质和微量元素，能够帮助器官排毒。

②开胃消食：梨能促进食欲，帮助消化，并有利尿通便和解热的作用，可用于高热时补充水分和营养。

③消暑解渴：梨鲜嫩多汁、酸甜适口，常食具有消暑解渴的功效。

梨汁

【做法】①橙子去皮；梨去皮、去子、洗净。②将以上材料切成大小适当的块，与冰水一起放入榨汁机内搅打成汁，滤出果肉。

【重点提示】如没有冰水，也可用凉开水加少许蜂蜜代替，味道也不错。

【材料】梨1个，橙子1/2个，冰水100毫升

贡梨柠檬优酪乳

【做法】①将贡梨洗净，去皮去子，切成小块；将柠檬洗净、切片。②贡梨、柠檬先榨汁，最后加入优酪乳即可。

【重点提示】选择做果汁的贡梨要以果实全熟，果肉柔软且散发香味的为佳。

【材料】贡梨1个，柠檬1个，优酪乳150毫升

╲∠梨子香瓜柠檬汁

做法 ①梨子洗净，去皮及果核，切块；香瓜洗净，去皮，切块；柠檬洗净，切片。②将梨子、香瓜、柠檬依次放入榨汁机，搅打成汁即可。

重点提示 梨切成小块放入榨汁机中会更快榨出汁。

材料 梨子1个，香瓜200克，柠檬适量

贡梨双果汁╲

做法 ①将火龙果、青苹果及贡梨洗净，去皮与核，切小块。②将火龙果、青苹果、贡梨放入榨汁机中，榨出汁即可。

重点提示 火龙果在选购时要注意是否新鲜，果皮是否鲜亮。

材料 火龙果50克，青苹果1个，贡梨1个

╲∠贡梨酸奶

做法 ①将贡梨洗干净，去掉外皮，去子，切成大小适合的块；柠檬洗净，切片。②将所有原料放入榨汁机内搅打成汁即可饮用。

重点提示 酸奶可根据个人口味来决定用量。

白梨香蕉无花果汁╲

做法 ①白梨去皮、核，切块；无花果去皮，对切；香蕉去皮，切块。②将白梨、无花果榨汁。最后加香蕉，搅拌，加入冰块即可。

重点提示 梨出汁较多，最好不要加太多冰块。

材料 贡梨1个，柠檬1/2个，酸奶200毫升

材料 白梨1个，无花果50克，香蕉1根，冰块少许

∠ 雪梨汁

做法 ①雪梨用水洗净，切成小块，备用。②把雪梨和水放入榨汁机内，搅打均匀即可。

重点提示 一般情况下，体型较大的雪梨糖分和水分含量都比较高。因此要挑选个大的雪梨。

材料 雪梨1个，水50毫升

白梨苹果香蕉汁 ↘

做法 ①白梨、苹果洗净，切块；香蕉剥皮后切块。②将白梨和苹果块榨汁，加入香蕉及适量的蜂蜜，一起搅拌，再加入适量冰块即可。

重点提示 此果汁可加适量白开水。

材料 白梨1个，苹果1个，香蕉1根，冰块少许，蜂蜜适量

∠ 梨柚汁

做法 ①将梨洗净，去皮，切成块；柚子去皮，切成块。将梨和柚子一起放入榨汁机内，榨出汁液。②向果汁中加1大匙蜂蜜，搅匀即可。

重点提示 柚子要选体形圆润、表皮光滑、质地软的。

材料 梨1个，柚子1/2个，蜂蜜1大匙

白梨无花果汁 ↘

做法 ①将白梨去皮和核，切块；无花果一切为二；香蕉剥皮，切块。②将所有材料放入榨汁机榨汁即可。

重点提示 无花果以果皮呈红紫色、触感稍软且无损伤的为佳。

材料 白梨1个，无花果50克，香蕉1根，豆浆适量

∠白梨西瓜苹果汁

做法 ①将白梨和苹果洗净，去果核，切块；西瓜洗净，切开去皮；柠檬洗净，切成块。②所有材料放入榨汁机榨汁。

重点提示 西瓜要去西瓜子；苹果皮有营养，洗净后可不削掉。

雪梨菠萝汁↘

做法 ①雪梨洗净去皮，切成小块。②将雪梨放入榨汁机内榨汁，最后加入菠萝汁即可。

重点提示 榨汁后，加入少许白糖摇匀后即可食用。

材料 白梨1个，西瓜150克，苹果1个，柠檬1/3个

材料 雪梨1/2个，菠萝汁30毫升

∠梨苹果香蕉汁

做法 ①白梨和苹果洗净，去皮去核后切块；香蕉剥皮后切块。②白梨和苹果放入榨汁机，榨出汁。③果汁入杯，加香蕉及蜂蜜，一起搅拌成汁。

重点提示 榨汁时可加适量白开水。

梨香蕉可可汁↘

做法 ①将香蕉去皮，切段；梨洗净后去皮去核，切块。②将所有材料放入榨汁机内搅打成汁，滤出果肉即可。

重点提示 可可不要放太多，否则影响果汁的口感。

材料 白梨1个，苹果1个，香蕉1根，蜂蜜适量

材料 梨1/2个，香蕉1根，牛奶200毫升，可可1小勺

香蕉

营养黄金组合

香蕉+冰糖=治疗便秘
香蕉与冰糖同食，可治疗便秘。

食用禁忌

香蕉+土豆=皮肤雀斑
香蕉不能与土豆同时食用，否则容易使皮肤长雀斑。

香蕉+芋头=胃酸胀痛
因香蕉含有多量的钾，与芋头同食会使胃酸过多、胃痛，消化不良、肾功能不全者应慎食。

 选购： 应选没有黑斑的香蕉食用。

 保存： 天热时将香蕉放在凉爽的地方，天冷时用报纸包好储存。

功效： ①降低血压：香蕉含钾量丰富，可平衡体内的钠含量，并促进细胞及组织生长，有降低血压的作用。
②增强免疫：香蕉的糖分可迅速转化为葡萄糖，被人体吸收，是一种快速的能量来源。

╚ 香蕉燕麦牛奶

做法 ①将香蕉去皮，切成小段；燕麦洗净。②将所有材料放入榨汁机内，搅打成汁即可。

重点提示 香蕉和牛奶的比例要控制好，通常是1根香蕉配200毫升牛奶。

材料 香蕉1根，燕麦80克，牛奶200毫升，冰糖10克

香蕉火龙果汁 ╲

做法 ①将火龙果和香蕉分别去皮，切成块。②将准备好的材料放入榨汁机内，加优酪乳，搅打成汁即可。

重点提示 火龙果最好切小一些。

材料 火龙果1/2个，香蕉1根，优酪乳200毫升

⌐香蕉优酪乳

(做法) ①将香蕉去皮，切小段，放入榨汁机中搅碎，盛入杯中备用。②柠檬洗净，切块，榨成汁，加入优酪乳、香蕉汁，搅匀即可。

(重点提示) 制作此果汁时间要短。

(材料) 香蕉2根，优酪乳200毫升，柠檬1/2个

香蕉茶汁⌐

(做法) ①将备好的香蕉剥去外皮，放入洗净的茶杯中捣碎。②加入适量的茶叶水，调入适量的蜂蜜，调匀即成。

(重点提示) 可加少许凉开水稀释一下果汁的浓度。

(材料) 香蕉100克，茶叶水、蜂蜜各少许

⌐香蕉蜜柑汁

(做法) ①将备好的蜜柑、香蕉剥去皮，切成大小一致的块。②将所有材料放入榨汁机内，加入适量的凉开水，搅打成汁，即可饮用。

(重点提示) 可加入适量碎冰，味道更清爽可口。

(材料) 香蕉1根，蜜柑60克，凉开水适量

香蕉橙子优酪乳⌐

(做法) ①将香蕉去皮，切成大小适当的块。橙子洗净，去皮，切成小块。②将所有材料放入榨汁机内，搅打均匀。

(重点提示) 优酪乳可用脱脂牛奶代替。

(材料) 香蕉1根，橙子1个，优酪乳200毫升

扫一扫二维码，下载"掌厨"，出现"掌厨"标志和首页后，点击"搜索"标志，输入食材"西瓜"，会搜索出24种西瓜的做法，并可分别观看视频。

西瓜

选购： 要挑选瓜皮表面光滑、纹路明显、底面发黄的西瓜。

保存： 已切开的西瓜不要存放太久，建议现买现食。

营养黄金组合

西瓜+蜜桃=清热解毒
西瓜与蜜桃同食，具有清热解暑，生津止渴的功效。

西瓜+冰糖=清热解暑
西瓜与冰糖同食，具有清热消暑，化湿利尿的功效。

食用禁忌

西瓜+啤酒=胃痉挛
二者都是寒性的，一起吃可能会导致一些不适症状，如胃痉挛、腹泻。西瓜吃多了还容易伤脾胃。

功效： ①消暑解渴：西瓜除不含脂肪和胆固醇外，含有大量葡萄糖、苹果酸、果糖、蛋白氨基酸、番茄素及丰富的维生素C等物质，是一种富有营养、纯净、食用安全的食品。
②增强免疫：西瓜中含有大量的水分，在急性热病发烧、口渴汗多、烦躁时，吃上一块，症状会马上改善。

西瓜汁

做法 ① 将西瓜去皮去子，切成大小适当的块；柠檬洗净，切片。②所有材料放入榨汁机内搅打成汁，滤出果肉即可。

重点提示 若不喜欢柠檬皮的苦涩味道，则可以将柠檬去皮后再榨汁。

西瓜蜜桃汁

做法 ①西瓜、香瓜去皮、去子，切块；蜜桃去皮、去核；将各种水果与凉开水一起放入榨汁机中，榨成果汁。②加入蜂蜜、柠檬汁调味即可。

重点提示 在果汁里加盐，可以保持鲜艳的颜色。

材料 西瓜200克，冰糖2克，柠檬1/4个

材料 西瓜100克，香瓜1个，蜜桃1个，蜂蜜、柠檬汁、凉开水各适量

∠西瓜香蕉汁

做法 ①西瓜洗净，去皮、去子，切块。②香蕉去皮后切成小块；菠萝去皮后洗净切成小块。碎冰、西瓜及其他材料放入榨汁机，高速搅打即可。

重点提示 榨好汁之后再加白糖摇匀，果汁更可口。

西瓜牛奶↘

做法 ①将西瓜去皮后，放入榨汁机内，榨成汁。②将牛奶放入榨汁机，加入矿泉水、蜂蜜，搅打均匀即可。

重点提示 牛奶要根据个人喜好适量加入。

材料 西瓜70克，香蕉1根，菠萝70克，苹果1/2个，蜂蜜30克，碎冰60克

材料 西瓜80克，鲜奶150毫升，蜂蜜30克，矿泉水适量

∠西瓜柠檬汁

做法 ①将西瓜去皮，去子，切成小块，放入榨汁机中榨取西瓜汁；柠檬洗净后做同样处理。②将西瓜汁与柠檬汁混合，加蜂蜜拌匀。

重点提示 喝前要摇匀，这样有利于营养吸收。

西瓜橙子汁↘

做法 ①把西瓜切块状。②橙子用水洗净，去皮榨成汁。③把西瓜与橙子汁放入榨汁机中，搅打均匀即可。

重点提示 西瓜切成小块后，要将西瓜子去除。

材料 西瓜200克，柠檬1个，蜂蜜适量

材料 西瓜200克，橙子1个

╱艳阳之舞

做法 ①将西瓜用清水洗净，去皮，切块，用榨汁器榨成汁。②将西瓜汁、料酒、柠檬汁、糖水摇匀滤入杯中，再注入七喜即可饮用。

重点提示 西瓜切块后，一定要将西瓜子全部取出。

红糖西瓜饮╲

做法 ①将橙子洗净，切片；西瓜洗净，去皮，取肉。②将橙子榨汁，加蜂蜜搅匀。将西瓜肉榨汁，兑入红糖水。再将两种汁水混合即可。

重点提示 榨汁后放入冰箱冷藏，会更好喝。

材料 西瓜100克，料酒30毫升，七喜、柠檬汁、糖水各少许

材料 橙子100克，西瓜200克，蜂蜜适量，红糖少许

╱西瓜木瓜汁

做法 ①将木瓜与西瓜去皮去子，柠檬洗净后去皮，将这几种原料均以适当大小切块。②将所有材料放入榨汁机一起搅打成汁，滤出果肉即可。

重点提示 榨好汁后再加少许盐，口味更佳。

西瓜橙子汁╲

做法 ①将橙子洗净，切片；西瓜洗净，去皮，取西瓜肉。②将橙子榨汁，加蜂蜜搅匀。西瓜肉榨汁，加红糖水，按分层法注入杯中，加冰块即可。

重点提示 西瓜在榨汁前，要先清洗再切开。

材料 西瓜100克，木瓜1/4个，柠檬1/8个，冰水、低聚糖各适量

材料 橙子100克，西瓜200克，蜂蜜适量，红糖、冰块各少许

（材料）莲雾1个，西瓜300克，蜂蜜适量

∠莲雾西瓜蜜汁

（做法）①将莲雾洗干净，切成小块。②西瓜洗净，去皮，切成块，取瓜肉。莲雾与西瓜放入榨汁机中榨出汁液，再加蜂蜜搅匀即可。

（重点提示）莲雾的底部张开越大表示越成熟。

西瓜菠萝汁↘

（做法）①将菠萝去皮，洗净，切块。西瓜洗净，去皮，切成适当的块备用。②将菠萝、西瓜和蜂蜜放入榨汁机内搅打。

（重点提示）要选用新鲜的西瓜，此外还要掌握好榨汁的时间。

（材料）西瓜100克，菠萝50克，蜂蜜少许

（材料）西瓜200克，柠檬1个，蜂蜜适量

∠西瓜柠檬蜂蜜汁

（做法）①西瓜洗净，切成小块，用榨汁机榨出汁；柠檬也作同样的处理。②再将西瓜汁与柠檬汁混合，加入蜂蜜，拌匀即可饮用。

（重点提示）柠檬的刺激性较强，不可过多饮用。

西瓜葡萄柚汁↘

（做法）①将西瓜洗净，去皮，去子，葡萄柚去皮，切成适当大小的块。②所有材料放入榨汁机内搅打成汁，滤出果肉即可。

（重点提示）榨汁之后，可加白糖摇匀，口味更佳。

（材料）西瓜150克，葡萄柚1个

扫一扫二维码，下载"掌厨"，出现"掌厨"标志和首页后，点击"搜索"标志，输入食材"橘子"，会搜索出15种橘子的做法，并可分别观看视频。

橘子

选购：要选择果皮颜色金黄、平整、柔软的橘子。

保存：放入冰箱中可以保存很长时间，但建议不要存放太久。

营养黄金组合

橘子+苹果=预防痛风

橘子与苹果同食，具有预防痛风、糖尿病的功效。

食用禁忌

橘子+螃蟹=发软痛

橘子不宜与螃蟹同食，否则令人发软痛。

橘子+牛奶=易得结石

橘子与牛奶同时食用，容易使人得结石。

胃肠虚寒的老人不可多吃橘子。

功效：①降低血脂：橘子中含有丰富的维生素C和尼克酸等，它们有降低人体中血脂和胆固醇的作用。

②开胃消食：橘子含有丰富的糖类（葡萄糖、果糖、蔗糖）、维生素、苹果酸、柠檬酸、蛋白质、脂肪、食物纤维以及多种矿物质等，有健胃消食的功效。

橘子汁

做法①取榨汁机，倒入橘子肉，注入凉开水，搅拌均匀。②倒出橘子汁，装入杯中即可。

重点提示为了避免榨好的橘子汁带有苦味，可以将橘子的子去除。

橘子苹果汁

做法①将苹果洗净，去皮去子，橘子带皮洗净，分别进行切块。②将所有材料放入榨汁机一起搅打成汁。③用滤网把汁滤出来即可。

材料橘子肉60克，凉开水100毫升

重点提示榨汁之后，加入一小勺蜂蜜，口味更佳。

材料橘子4个，苹果1/4个，陈皮少许

╱橘子优酪乳

(做法) ①将橘子用清水洗净，去皮、去子，备用。②将处理好的橘子放入榨汁机内，榨出橘子汁，再加入适量的优酪乳，拌匀即可。

(重点提示) 优酪乳可根据个人口味来决定放多少。

橘子柠檬汁╲

(做法) ①将橘子洗净，去皮，撕成瓣；柠檬洗净，切片备用。②橘子榨成汁后加入柠檬汁、蜂蜜，拌匀即可饮用。

(重点提示) 可根据个人口味增加柠檬汁，然后再轻轻搅拌均匀。

(材料) 橘子2个，优酪乳250毫升

(材料) 橘子1个，柠檬1/2个，蜂蜜少许

╱橘子菠萝汁

(做法) ①将橘子去皮，撕成瓣；菠萝去皮，洗净，切块；陈皮泡发；薄荷叶洗净。②将所有材料放入榨汁机一起搅打成汁，滤出果肉即可。

(重点提示) 冰水可用碎冰代替，这样果汁更冰爽可口。

柑橘蜜╲

(做法) ①柑橘去皮、子，撕成瓣。②将柑橘瓣、凉开水、蜂蜜依次倒入杯中，搅打均匀。

(重点提示) 蜂蜜千万不要在水很热的时候放，否则会破坏它的营养成分。

(材料) 橘子1个，菠萝50克，薄荷叶1片，陈皮1克，冰水200毫升

(材料) 柑橘60克，蜂蜜少许，凉开水120毫升

∠蜜柑汁

做法 ①将蜜柑去除皮，去子。②将豆浆、蜂蜜、蜜柑，置于榨汁机容杯中，充分混合搅拌2分钟即可饮用。

重点提示 要尽量减少果汁和空气的接触时间，避免果汁氧化变成褐色。

金橘番石榴鲜果汁∖

做法 ①番石榴洗净，切块；苹果洗净，切块；金橘洗净切开，都放入榨汁机中。②将凉开水、蜂蜜加入杯中，与上述材料一起搅成果泥，滤出果汁。

重点提示 在榨汁前将水果用热水稍烫一下。

材料 蜜柑250克，蜂蜜适量，豆浆200毫升

材料 金橘8个，番石榴1/2个，苹果50克，蜂蜜少许，凉开水400毫升

∠橘子蜂蜜汁

做法 ①将橘子清水洗净，去除皮和子。②将适量的豆浆、蜂蜜、橘子置于榨汁机容杯中，充分混合之后，搅拌2分钟，榨取果汁即可。

重点提示 制作此果汁时，最好加入少许碎冰。

桃子橘子汁∖

做法 ①将橘子去皮，撕成瓣；桃子去皮去核，以适当大小切块。②将所有材料放入榨汁机一起搅打成汁，滤出果肉。

重点提示 此果汁中加了牛奶，因此不能空腹喝。牛奶也可用优酪乳代替。

材料 橘子250克，蜂蜜适量，豆浆200毫升

材料 桃子1/2个，橘子1个，温牛奶300毫升，蜂蜜1小勺

橘柚汁

做法 ①把这些水果洗净处理好后切块，挤出果汁，加一点柠檬汁。②把果汁倒玻璃杯内，加冰块与一些柑橙类水果切片作装饰即可。

重点提示 鲜榨果汁上的那层泡沫含有丰富的酵素。

材料 柚子、橘柚、橘子各1个，柠檬汁、冰块、柑橙类水果切片各适量

金橘柠檬汁

做法 ①将金橘洗干净。②将金橘与橙子汁、柠檬汁、糖水、冰水一起倒入榨汁机内榨成汁，加入冰块搅拌均匀即可。

重点提示 制作此果汁的动作要快。

材料 金橘60克，橙子汁、柠檬汁各15毫升，糖水、冰水、冰块各适量

金橘苹果汁

做法 ①将金橘用清水洗干净；苹果洗净，去皮。②将材料倒入榨汁机内榨成汁，加入蜂蜜搅拌均匀即可。

重点提示 制作此果汁的动作要快。

材料 金橘50克，苹果1个，凉开水200毫升，蜂蜜少许

橘子酸奶

做法 ①将橘子洗干净，去掉外皮，去子，去内膜备用。②将橘子放入榨汁机内榨出汁，加入酸奶和冰糖，搅拌均匀。

重点提示 榨汁后可加少许白砂糖，更能增加果汁的甜味。

材料 橘子2个，酸奶250毫升，冰糖适量

扫一扫二维码，下载"掌厨"，出现"掌厨"标志和首页后，点击"搜索"标志，输入食材"葡萄"，会搜索出9种葡萄的做法，并可分别观看视频。

葡萄

营养黄金组合

葡萄+牛奶=预防贫血
葡萄与牛奶同食，具有预防贫血及利尿的作用。

葡萄+哈密瓜=健胃消食
葡萄与哈密瓜同食，能促进消化，和胃健脾。

 选购：选购果粒饱满、果皮光滑、皮外有一层薄霜的葡萄为好。

 保存：将葡萄放入冰箱中可保存1周，建议现买现食。

食用禁忌

葡萄+水产=消化不良
葡萄与水产类食物同食会导致消化不良。
吃葡萄后不宜立刻喝水，否则容易腹泻。

功效：①增强免疫：葡萄营养丰富，味甜可口，含有大量的葡萄糖，极易被人体吸收，同时还富含矿物质元素和维生素。
②开胃消食：葡萄中所含的酒石酸能助消化，适量食用能和胃健脾，对身体大有裨益。

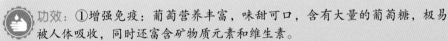

葡萄汁

做法 ①将葡萄柚去皮，葡萄去子。②将材料以适当大小切块，放入榨汁机一起搅打成汁。③用滤网把汁滤出来即可。

重点提示 榨果汁时如果加入少许碎冰可减少泡沫的产生。

葡萄哈密瓜牛奶

做法 ①葡萄洗净，去皮、去子。②将哈密瓜洗净，去皮，切成小块。将所有材料放入榨汁机内搅打成汁即可。

重点提示 品质好的葡萄，外观有光泽，颜色较深且附有白霜。

材料 葡萄1串，葡萄柚1/2个

材料 葡萄50克，哈密瓜60克，牛奶200毫升

∠葡萄哈密瓜汁

做法 ①哈密瓜洗净后去皮，去子，切块；葡萄洗净，榨汁。②把哈密瓜、葡萄汁和水一起搅匀即可饮用。

重点提示 用面粉清洗葡萄，就能轻松洗净附着在葡萄皮上的白色粉末。

材料 哈密瓜150克，葡萄70克，水100毫升

葡萄柠檬汁↘

做法 ①葡萄洗净，去皮、去子；柠檬洗净，切片。②将所有材料搅打成汁即可。

重点提示 榨汁前将水果用热水烫一下，可以减少营养损失。

材料 葡萄150克，柠檬1/2个，凉开水200毫升

∠葡萄苹果汁

做法 ①红葡萄洗净，切片，苹果切几片装饰用，剩余苹果切块，与红葡萄一起榨汁。②碎冰倒在成品上，装饰上苹果片。

重点提示 果汁最好不要加热，否则会使各类维生素遭到破坏。

材料 红葡萄150克，红色去皮的苹果1个，碎冰适量

双味葡萄汁↘

做法 ①将葡萄洗净，放入榨汁机中，倒入凉开水，搅成果汁。②加入红葡萄酒和凉开水，拌匀即可饮用。

重点提示 红葡萄酒不宜放太多，否则口味会变成葡萄酒味。

材料 葡萄15颗，红葡萄酒50毫升，凉开水100毫升

扫一扫二维码，下载"掌厨"，出现"掌厨"标志和首页后，点击"搜索"标志，输入食材"桃子"，会搜索出4种桃子的做法，并可分别观看视频。

桃子

选购：要选择颜色均匀、形状完好、表皮光滑的果实。

保存：桃子不宜久存，放入冰箱中会变味，建议现买现食。

营养黄金组合

桃子+梨=活血化瘀

桃子与梨同食，可活血化瘀，对因过食生冷食物而引起的痛经者更宜。另外，还可增加人体对铁的吸收，对皮肤代谢也有促进作用。

桃子+香瓜=缓解便秘

桃子与香瓜同食，可以缓解便秘。

食用禁忌

桃子+萝卜=腹泻

桃子与萝卜同时食用，会导致腹泻。胃肠功能不良者不宜多吃桃子。

功效：①增强免疫：桃子有人体所必需的多种矿物质，有维持细胞活力所必需的钾和钠，有骨骼所需的钙和磷，有保持血色素正常所必需的铁。

②降低血压：桃仁提取物有抗凝血作用，能抑制咳嗽中枢从而止咳，能使血压下降，可用于高血压病人的辅助治疗。

材料 桃子1个，西瓜肉30克，柠檬1/4个，牛奶100毫升

╱桃汁

做法 ①西瓜肉切成小块；桃子去皮去核；柠檬洗净。②将以上材料切适当大小的块，与柠檬、牛奶一起放入榨汁机内搅打成汁，滤出果肉即可。

重点提示 榨汁前要将桃子表面的茸毛刷洗干净。

桃子香瓜汁╲

做法 ①桃子洗净，去皮、核，切块；香瓜洗净，去皮，切块；柠檬洗净，切片。②将桃子、香瓜、柠檬榨汁。将果汁倒入杯中，加冰块即可。

重点提示 此果汁可以自行加入盐或蜂蜜调味。

材料 桃子1个，香瓜200克，柠檬1个，冰块少许

∠桃子杏仁汁

(做法) ①将桃子洗净后去皮去核，以适当大小切块。②将所有材料放入榨汁机内一起搅打成汁，滤出果肉即可。

(重点提示) 此果汁一般沉淀物较多，一定要摇匀后再饮用。

桃子苹果汁∖

(做法) ①将桃子洗净，对切为二，去核；苹果去掉果核，切块；柠檬洗净，切片。②将苹果、桃子、柠檬放进榨汁机中，榨出汁即可。

(重点提示) 可加入适量盐进行调味。

(材料) 桃子1/2个，杏仁粉末小半勺，豆奶200毫升，蜂蜜1小勺

(材料) 桃子1个，苹果1个，柠檬1/2个

∠蜜桃雪梨汁

(做法) ①将蜜桃洗净，切开，去核，切块。雪梨洗净，去皮、核，切成小块，放入榨汁机中，榨成梨汁。②加入桃肉、蜂蜜，搅匀即可。

(重点提示) 在榨好的果汁中加盐，可以保持颜色鲜艳。

水蜜桃优酪乳∖

(做法) ①水蜜桃去皮与核，切块；柠檬洗净，切块，放入榨汁机。②优酪乳、蜂蜜倒入榨汁机，与水蜜桃、柠檬搅匀即可。

(重点提示) 要选择果形圆整、个体大、色泽美观、皮薄肉厚的水蜜桃。

(材料) 蜜桃2个，雪梨1个，蜂蜜适量

(材料) 水蜜桃1个，优酪乳150克，柠檬1/2个，蜂蜜适量

扫一扫二维码，下载"掌厨"，出现"掌厨"标志和首页后，点击"搜索"标志，输入食材"草莓"，会搜索出**31种草莓的做法**，并可分别观看视频。

▼
▼

蔬果汁6000例

草莓

营养黄金组合

草莓+香瓜=消暑解渴
草莓与香瓜同食，可以消暑解渴、增强肾脏功能。

草莓+梨=美容瘦身
草莓与梨同食，具有美容瘦身、改善肠胃的功能。

选购：宜选购硕大坚挺、果形完整、外表鲜红及无碰伤的果实。

保存：保存前不要清洗，带蒂轻轻包好勿压，放入冰箱中即可。

食用禁忌

草莓+柿子=腹泻
草莓与柿子同时食用，容易引起腹痛腹泻。
草莓含草酸钙，尿路病患者不宜多吃。

功效：①消暑解渴：草莓营养丰富，富含多种有效成分，果肉中含有大量的糖类、蛋白质、有机酸、果胶等营养物质，有解热祛暑之功效。
②降低血压：草莓中丰富的维生素C对动脉硬化、冠心病、心绞痛、脑溢血、高血压、高血脂等病症，都有积极的预防作用。

∠草莓雪梨汁

做法 ①将草莓洗净去蒂；雪梨洗净去皮，去核、子，切块。②在榨汁机内放入豆浆、蜂蜜，搅拌20秒。③放入草莓、雪梨，搅打1分钟即可。

重点提示 最好选用果肉坚硬、富有光泽、形状呈圆锥形的草莓。

草莓香瓜芒果汁↘

做法 ①草莓洗净，去蒂；芒果和香瓜洗净，削皮，去子，切块；柠檬洗净，切片。②所有材料放入榨汁机内，榨汁即可。

重点提示 洗草莓最好先用流动的自来水冲洗一遍，再用淡盐水浸泡5分钟。

材料 草莓180克，雪梨1个，蜂蜜适量，豆浆180毫升

材料 草莓80克，香瓜200克，芒果2个，柠檬1/2个

材料 草莓6颗，水蜜桃50克，菠萝80克，凉开水45毫升

╱草莓水蜜桃菠萝汁

做法 ① 将草莓洗净；水蜜桃洗净，去皮去核后切成小块；菠萝去皮，洗净，切块。② 将所有材料搅打均匀即可。

重点提示 菠萝皮难削，最好用水果刀将其划成三角形，然后一个一个挑去。

草莓蛋乳汁╲

做法 ① 将草莓洗净，去蒂，放入榨汁机中。② 加入鲜奶、蛋黄、蜂蜜，搅匀即可。

重点提示 新鲜且白色部分较少的草莓，具有较多的糖分。

材料 草莓80克，鲜奶150毫升，蜂蜜少许，新鲜蛋黄1个

材料 草莓80克，猕猴桃1个，冰水200毫升

╱草莓猕猴桃汁

做法 ① 猕猴桃洗净，去皮，与洗净的草莓一起以适当大小切块。② 将所有材料放入榨汁机搅打成汁，滤出果肉。

重点提示 放入盐水浸泡前冲洗草莓时，不要把草莓蒂摘掉。

草莓蜜桃苹果汁╲

做法 ① 草莓、苹果洗净，草莓去蒂，苹果切块。② 水蜜桃切半，去核，切块。③ 草莓、水蜜桃、苹果和七喜汽水放入榨汁机内，搅打均匀。

重点提示 七喜汽水可根据个人口味决定用量。

材料 草莓3颗，水蜜桃1/2个，苹果1/2个，七喜汽水100毫升

扫一扫二维码，下载"掌厨"，出现"掌厨"标志和首页后，点击"搜索"标志，输入食材"橙子"，会搜索出29种橙子的做法，并可分别观看视频。

橙子

营养黄金组合

橙子+木瓜=丰胸美白
橙子与木瓜同食，具有丰胸美白、淡化斑点、健脾润肠的功效。
橙子+柠檬=降火解渴
橙子与柠檬同食，具有预防雀斑、降火解渴的功效。

 选购：要选择果实饱满、着色均匀、散发出香气的橙子。

 保存：将橙子放在阴凉通风处可保存半个月，但不要堆在一起存放。

食用禁忌

橙子+虾=引起身体不适
橙子与虾同时食用会引起身体不适。饭前或空腹时不宜食用橙子，否则橙子所含的有机酸会刺激胃黏膜。

功效：①开胃消食：橙子中含有丰富的果胶、蛋白质、钙、磷、铁及维生素B₁、维生素B₂、维生素C等多种营养成分，具有开胃消食的作用。
②降低血脂：橙子中维生素C、胡萝卜素的含量高，能软化和保护血管，降低胆固醇和血脂。

橙子汁

做法 ①橙子用清水洗净，切成两半。②再用榨汁机挤压出橙子汁。③把橙子汁倒入备好的杯中即可饮用。

重点提示 要选用皮薄、呈红色或朱黄色，而且拿起来感觉重的橙子。

材料 橙子2个

橙子柠檬蜂蜜汁

做法 ①将橙子洗净，切半，用榨汁机榨出汁，倒出。②将柠檬洗净后切片，放入榨汁机中榨成汁。③将橙子汁与柠檬汁及蜂蜜混合，拌匀即可。

重点提示 榨汁时速度要快，可减少维生素的损失。

材料 橙子2个，柠檬1个，蜂蜜适量

∠丰胸美白橙子汁

（做法）①将木瓜洗净、去皮、去子，切成小块。②将木瓜块与优酪乳、橙子汁放入榨汁机中，搅打均匀即可。

（重点提示）在果汁中加入少量的盐，可以保持其鲜艳的颜色，口感也好。

（材料）木瓜200克，优酪乳200毫升，橙子汁200毫升

橙子苹果梨汁↘

（做法）①橙子去皮，切块。②苹果洗净、去核，雪梨洗净，去皮，均切块。③橙子、苹果、雪梨和水入榨汁机，搅打匀。

（重点提示）橙肉上那层白色的纤维营养成分较高，最好不要扔掉。

（材料）橙子2个，苹果1/2个，雪梨1/4个，水30毫升

∠粒粒橙雪乳

（做法）①将橙子用清水洗净，去皮，切成小块。②将切好的橙子块、牛奶放入榨汁机内，搅打2分钟即可饮用。

（重点提示）鲜榨果汁上的那层泡沫含有非常丰富的酵素，最好不要撇掉。

（材料）橙子1个，牛奶200毫升

橙子葡萄菠萝奶↘

（做法）①将青葡萄洗净，去皮，去子。②将橙子洗净，切块；菠萝去皮，洗净，切块。③将所有材料放入榨汁机内，以高速搅打90秒，倒入杯中即可。

（重点提示）选用新鲜的橙子更能保持其原汁原味。

（材料）青葡萄50克，橙子1/3个，菠萝150克，鲜奶30毫升，蜂蜜30克

╲╱ 橙子油桃饮

做法 ①把黄砂糖和清水放入锅内加热至糖溶化；油桃切开去子，加处理好的橙子搅打。②杯子放入冰块，倒入果汁和糖浆即可饮用。

重点提示 最好把材料中的水果分开榨汁。

材料 细黄砂糖1汤匙，油桃4个，橙子、冰块、清水各适量

橙子香瓜汁 ╲

做法 ①柠檬洗净，切块；橙子去皮、子，切块。②香瓜洗净，切块。柠檬、橙子、香瓜入榨汁机挤压成汁。向果汁中加少许冰块即可。

重点提示 榨汁时可加入少许优酪乳。

材料 柠檬1个，橙子1个，香瓜1个，冰块少许

╲╱ 清爽蜜橙汁

做法 ①将橙子用清水洗净，去皮，切成小块。②将橙子放入榨汁机榨汁，再将橙子汁与蜂蜜搅拌均匀即可。

重点提示 选购橙子时，选择橙皮颜色黄一些的，这种橙子营养成分含量比较高。

橙子西瓜汁 ╲

做法 ①橙子洗净，压汁。②西瓜洗净，去皮、子，切成块后放入榨汁机搅打20秒，滤渣取汁。倒入碎冰、糖水、橙子汁，再倒入西瓜汁，搅匀即可。

重点提示 西瓜汁过滤后可使果汁看起来较清澈。

材料 橙子2个，蜂蜜5克

材料 橙子1/2个，西瓜150克，凉开水50克，糖水30毫升，碎冰50克

∠ 无花果橙子汁

做法 ①把无花果洗净，去蒂去皮，切开。②把橙子洗净，榨汁。把橙子汁、柠檬汁加入无花果和糖浆，充分搅打后倒在杯中碎冰上即可。

重点提示 柠檬汁可在最后加，能保留更多的香味。

材料 无花果6个，橙子2个，糖浆1汤匙，柠檬汁30~40克，碎冰适量

苹果橙子汁 ↘

做法 ①将苹果洗净，去皮、核，切成大小适当的块。②将橙子洗净，去皮，切成块备用。③将准备好的材料放入榨汁机内，榨出汁即可。

重点提示 想此汁甜一点，可以加入少许蜂蜜。

材料 苹果2个，橙子1个

∠ 橙子香蕉汁

做法 ①将橙子用清水洗净，去皮，切块，榨取橙子汁；将香蕉去皮，切段。②把橙子汁、香蕉、凉开水放入榨汁机，搅打均匀即可。

重点提示 香蕉以外皮颜色呈金黄色的为佳。

材料 香蕉1根，橙子1个，凉开水100毫升

菠萝草莓橙子汁 ↘

做法 ①将菠萝洗净，去皮，切块；草莓洗净，去蒂；橙子洗净，对切。②将备好的材料与凉开水一起榨汁。将果汁倒入杯中，加入白汽水，拌匀。

重点提示 优质菠萝的果实呈圆柱形，大小均匀。

材料 菠萝60克，草莓2个，橙子1/2个，凉开水30毫升，白汽水20毫升

扫一扫二维码，下载"掌厨"，出现"掌厨"标志和首页后，点击"搜索"标志，输入食材"猕猴桃"，会搜索出39种猕猴桃的做法，并可分别观看视频。

猕猴桃

营养黄金组合

猕猴桃+冰糖=降压降脂

猕猴桃与冰糖同食，具有降低胆固醇和降低血压的功效。

猕猴桃+橙子=美白护肤

猕猴桃与橙子同食，具有修护和保养肌肤的功效，可使皮肤洁净白皙。

选购：宜选择果实饱满、茸毛尚未脱落的果实。

保存：还未成熟的猕猴桃可以和苹果放在一起，有利于加快成熟。

食用禁忌

猕猴桃+胡萝卜=破坏维生素C

猕猴桃与胡萝卜同食会破坏维生素C。

脾胃虚寒者应慎食。

功效：①降低血脂：猕猴桃有降低胆固醇及甘油三酯的作用，亦可抑制致癌物质的产生，对高血压、高血脂、肝炎、冠心病、尿道结石有预防和辅助治疗作用。

②清热解暑：猕猴桃含丰富的蛋白质、碳水化合物、多种氨基酸和矿物质元素，水分含量多，具有解热、止渴的功效。

材料 猕猴桃3个，柠檬汁15毫升，冰块1/3杯，柠檬片少许

猕猴桃汁

做法 ①猕猴桃洗净，去皮，每个切成4块。②在榨汁机中放入柠檬、猕猴桃和冰块，搅打均匀。③把猕猴桃汁倒入杯中，装饰柠檬片即可。

重点提示 用来榨汁的猕猴桃最好不要太硬。

猕猴桃橙子汁

做法 ①将猕猴桃用清水洗净，对切，挖出猕猴桃的果肉。②将橙子洗净，切成小块。③将所有材料放入榨汁机内，榨汁即可饮用。

重点提示 榨出的猕猴桃橙子汁应在30分钟内饮尽。

材料 猕猴桃2个，橙子1/2个，糖水30毫升，蜂蜜15克

∠猕猴桃橙子香蕉汁

做法 ① 橙子洗净，去皮；香蕉去皮。② 猕猴桃洗净，切开取果肉。③ 将橙子、猕猴桃肉及香蕉榨汁，搅匀。

重点提示 要选择果皮呈黄褐色，富有光泽且果毛细而不易脱落的猕猴桃。

猕猴桃梨子汁∖

做法 ① 将猕猴桃洗净，去皮，切块；梨子去皮和果核，切块；柠檬洗净，切片。② 将梨子、猕猴桃、柠檬榨出果汁。

重点提示 猕猴桃放在60℃以上的热水中浸泡5分钟，就能轻松地把皮剥掉。

材料 猕猴桃1个，橙子1个，香蕉1根

材料 猕猴桃1个，梨子1个，柠檬1个

∠猕猴桃薄荷汁

做法 ① 猕猴桃洗净，削皮，切成4块；苹果削皮，去核，切块。② 将薄荷叶洗净，放入榨汁机中搅碎，再加入猕猴桃、苹果块，搅打成汁即可。

重点提示 要选用果蒂处是嫩绿色的新鲜猕猴桃。

猕猴桃梨香蕉汁∖

做法 ① 猕猴桃与香蕉去皮，梨洗净后去皮去核，均切块。② 将所有材料放入榨汁机一起搅打成汁，滤出果肉。

重点提示 挑选雪梨时，应选择圆润皮薄者。

材料 猕猴桃1个，苹果1/2个，薄荷叶2片

材料 猕猴桃2个，梨、香蕉各1/2个，酸奶半杯，牛奶100毫升，蜂蜜1小勺

哈密瓜

 选购：挑瓜时用手摸一摸，如果瓜身坚实微软，说明成熟度较适中。

 保存：哈密瓜属后熟果类，建议放在阴凉通风处储存，可放2周左右。

营养黄金组合

哈密瓜+蜂蜜=开胃消食
哈密瓜与蜂蜜同食，具有开胃消食的功效。

哈密瓜+柠檬=清热解暑
哈密瓜和柠檬的水分含量都比较多，二者同食，具有清热解暑的功效。

食用禁忌

哈密瓜+香蕉=引发肾亏
哈密瓜与香蕉同时食用易引发肾亏和糖尿病。

功效：①美白护肤：哈密瓜中含有丰富的抗氧化剂，而这种抗氧化剂能够有效增强细胞防晒的能力，减少皮肤黑色素的形成。
②增强免疫力：哈密瓜能补充水溶性维生素C和B族维生素，能维持机体正常新陈代谢的需要。
③清热解暑：哈密瓜营养丰富，水分含量也多，具有清热解暑的功效。

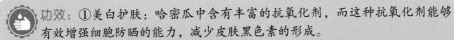

材料 哈密瓜1/2个

哈密瓜汁

做法 ①哈密瓜洗净、去子、去皮，并切成小块。②将哈密瓜放入榨汁机内，搅打均匀。③把哈密瓜汁倒入杯中，用哈密瓜皮装饰即可。

重点提示 挑选哈密瓜时用手摸一摸，太硬则不熟。

哈密瓜柠檬汁

做法 ①将哈密瓜洗净，去皮、子，切块；柠檬洗净，切块。②将哈密瓜与柠檬放入榨汁机榨汁，加入蜂蜜，拌匀。

重点提示 一般有香味的哈密瓜成熟度适中；而没有香味或香味淡的相反。

材料 哈密瓜250克，柠檬1/2个，蜂蜜适量

╱哈密瓜蜂蜜汁

做法 ①将哈密瓜洗净，去掉皮、子，切成小块。②在豆浆中加入蜂蜜，倒入榨汁机中搅拌。③将哈密瓜放入榨汁机，搅打成汁即可。

重点提示 要选用椭圆形或橄榄形、果绿色的哈密瓜。

材料 哈密瓜220克，蜂蜜30毫升，豆浆180毫升

哈密瓜橙子汁╲

做法 ①哈密瓜洗净，去皮、子，切块。②橙子洗净，切开。③哈密瓜、橙子、鲜奶放入榨汁机内搅打3分钟，再倒入杯中，与白汽水、蜂蜜拌匀即可。

重点提示 选哈密瓜时，可用手按压，按不动的较好。

材料 哈密瓜40克，橙子1个，鲜奶90毫升，蜂蜜8毫升，白汽水20毫升

╱哈密瓜椰奶

做法 ①将哈密瓜洗净，用刀削皮去子，切丁；柠檬用清水洗净，切片。②将所有材料放入榨汁机内，搅打2分钟即可。

重点提示 哈密瓜是季节性很强的水果，要注意选择食用时间和新鲜度。

材料 哈密瓜200克，椰奶40毫升，鲜奶200毫升，柠檬1/2个

哈密瓜奶╲

做法 ①将哈密瓜去皮、子，放入榨汁机榨汁。②将哈密瓜汁、鲜牛奶放入榨汁机中，加入矿泉水、蜂蜜，搅打均匀。

重点提示 最好选择从外表上看有密密麻麻的网状纹路且皮厚的哈密瓜。

材料 哈密瓜100克，鲜牛奶100毫升，蜂蜜5克，矿泉水少许

扫一扫二维码，下载"掌厨"，出现"掌厨"标志和首页后，点击"搜索"标志，输入食材"木瓜"，会搜索出57种木瓜的做法，并可分别观看视频。

木瓜

营养黄金组合

木瓜+牛奶=有益消化
木瓜与牛奶同食，有助于肠胃消化，具有润肠的作用。

木瓜+橙子=美白护肤
木瓜与橙子同食，具有美白护肤的功效。

选购：要选择果皮完整、颜色亮丽、无损伤的果实。

保存：常温下能储存2~3天，建议购买后尽快食用。

食用禁忌

木瓜+海鲜=易引发呕吐
体质虚弱及脾胃虚寒的人，不要食用经过冰冻后的木瓜。
木瓜中所含的番木瓜碱有微毒，不宜多吃。

功效：①降低血脂：木瓜含番木瓜碱、木瓜蛋白酶、凝乳酶、胡萝卜素等，并富含17种以上氨基酸及多种营养元素，其中所含的齐墩果成分是一种具有护肝降酶、抗炎抑菌、降低血脂等功效的化合物。
②排毒瘦身：木瓜中所含的木瓜蛋白酶具有减肥的作用。

木瓜汁

做法 ①将木瓜和菠萝分别去皮洗净，均切成适量的大小。②将切好的木瓜块和菠萝块、冰水一起放入榨汁机，搅打成汁即可。

重点提示 不宜用冷藏后的木瓜榨汁。

材料 木瓜1/2个，菠萝60克，冰水150毫升

木瓜牛奶

做法 ①将木瓜去皮、子，切成小块。②将切成小块的木瓜与牛奶、蜂蜜放入榨汁机，搅打均匀即可饮用。

重点提示 牛奶的用量要根据个人喜好来决定。

材料 木瓜200克，牛奶200毫升，蜂蜜5克

╱木瓜牛奶蛋汁

做法 ①将木瓜洗净，去皮、子，切成小块备用。②将木瓜及其他材料放入榨汁机内，以高速搅打3分钟即可。

重点提示 木瓜的果皮一定要亮，橙色要均匀，不能有色斑。

材料 木瓜100克，鲜奶90毫升，蛋黄1个，凉开水60毫升

木瓜哈密瓜汁╲

做法 ①将木瓜、哈密瓜分别洗净，均去皮、子，切成小块。②将所有材料放入榨汁机内，以高速搅打2分钟即可。

重点提示 最好不要使用冷藏过的木瓜榨果汁。

材料 木瓜200克，哈密瓜20克，鲜奶90克

╱木瓜苹果牛奶汁

做法 ①将木瓜去皮、子，切成小块；苹果去皮、子，切成小块。②将木瓜块与苹果块、牛奶放入榨汁机中，撒入少许白糖，搅打均匀即可饮用。

重点提示 饮用此果汁时最好加一点冰块，更加冰爽可口。

材料 木瓜140克，苹果1个，牛奶170毫升，白糖适量

木瓜香蕉奶╲

做法 ①将木瓜洗净，去皮、子，切成小块；香蕉剥皮，切成小块。②把木瓜、香蕉、牛奶置榨汁机内搅拌约1分钟即可。

重点提示 可以依个人口味适当加入蜂蜜。

材料 木瓜300克，香蕉2根，牛奶1杯

扫一扫二维码，下载"掌厨"，出现"掌厨"标志和首页后，点击"搜索"标志，输入食材"菠萝"，会搜索出43种菠萝的做法，并可分别观看视频。

菠萝

营养黄金组合

菠萝+西瓜=开胃消食
菠萝可促进消化、预防便秘；西瓜可退火利尿，帮助消化、促进食欲。

菠萝+香瓜=消暑解渴
菠萝与香瓜同食，具有生津止渴、除烦热、消暑利尿的作用。

 选购：要选择外形饱满、闻起来有清香的菠萝。

 保存：将菠萝放入冰箱中可保存1周，放在阴凉通风处可保存3~5天。

食用禁忌

菠萝+黄瓜=降低营养价值
菠萝与黄瓜同食，会降低营养价值。对菠萝过敏者慎食。

功效：①消暑解渴：菠萝具有解暑止渴、消食止泻之功效，为夏季医食兼优的时令佳果。
②美白护肤：丰富的B族维生素能有效地滋养肌肤，防止皮肤干裂，同时也可以消除身体的紧张感和增强肌体的免疫力。

菠萝香瓜汁

做法 ①将菠萝去皮，洗净，切块；香瓜去皮、子，切成小块。②将菠萝与香瓜一起放入榨汁机中榨成汁，再加入蜂蜜，调匀即可。

重点提示 蜡黄色的香瓜比较甜，应选购这类色泽的。

材料 菠萝1/2个，香瓜1个，蜂蜜少许

菠萝苹果汁

做法 ①将菠萝洗净，去皮，切块；将苹果洗净，去核，切块。②将菠萝、苹果同时放入榨汁机里，压榨出果汁即可。

重点提示 菠萝可用盐水浸泡一下，这样能去除菠萝的涩味。

材料 菠萝200克，苹果1个

╰╱酸甜菠萝汁

做法 ①将柠檬洗净，对切；将菠萝去皮，洗净切块。②将原材料放入榨汁机内，以高速搅打2分钟即可饮用。

重点提示 要选用表皮呈淡黄色，上顶的冠芽呈青褐色的菠萝。

材料 柠檬1个，菠萝50克

沙田柚菠萝汁╲╯

做法 ①将菠萝去皮，洗净，切块。②将沙田柚去皮，去子，切块。③将准备好的材料搅打成汁，加蜂蜜拌匀。

重点提示 如果喜欢菠萝味浓一点，可以多加一些菠萝进行榨汁。

材料 菠萝50克，沙田柚100克，蜂蜜少许

╰╱双桃菠萝汁

做法 ①猕猴桃用清水洗净，去皮，切成块；水蜜桃用清水洗净，去皮、去核，切块。②将所有材料放入榨汁机中，榨成汁即可饮用。

重点提示 用冷藏过的猕猴桃榨汁口感会更好。

营养酸甜菠萝汁╲╯

做法 ①猕猴桃去皮，切块；菠萝削皮，洗净，切块；柠檬洗净，切片。②将所有材料倒入榨汁机内搅打均匀。

重点提示 此果汁最好现做现饮，若放置时间长了，会降低其营养价值。

材料 猕猴桃1个，水蜜桃1个，菠萝2片，优酪乳1杯

材料 猕猴桃2个，菠萝150克，柠檬1/2个，凉开水240毫升

芒果

【营养黄金组合】

芒果+橘子=补脾健胃
芒果与橘子同食可以补脾健胃、开胃消食。

芒果+柠檬=增强免疫
芒果与柠檬同食可以增强人体免疫力。

 选购:应选表皮光滑、平整、颜色均匀的芒果。

保存:将芒果放在阴凉通风处可保存10天左右。

【食用禁忌】

芒果+大蒜=损肾脏
芒果不宜与辛辣食物同食,否则损肾脏。

芒果中含有致敏性蛋白、果胶、醛酸,皮肤病患者忌食用。

功效:①开胃消食:芒果的果汁能增加胃肠蠕动,使粪便在结肠内停留时间变短,因此对防治结肠癌很有裨益。
②美白护肤:芒果的胡萝卜素含量特别高,能润泽皮肤,是女士们的美容佳果。

∠芒果柠檬汁

[做法] ①将芒果用清水洗净,去皮、去核,切成块;柠檬洗净,切片。②将所有材料放入榨汁机榨汁即可饮用。

[重点提示] 以果蒂周围感觉稍硬实、富有弹性的芒果为佳。

芒果橘子奶↘

[做法] ①将芒果洗净,去皮,切成小块备用。②将橘子去皮,去子,撕成瓣。③将所有材料放入榨汁机榨汁。

[重点提示] 此果汁最好现做现饮,营养不易流失。

[材料] 芒果2个,柠檬1/2个,蜂蜜少许,凉开水200毫升

[材料] 芒果150克,橘子1个,鲜奶250毫升

⌐芒果牛奶

（做法）①将芒果洗净，去皮，切成小块。②将哈密瓜洗净，去皮、子，切碎。③将所有材料放入榨汁机内，搅打成汁。

（重点提示）选哈密瓜时用手摸一摸，如果瓜身坚实微软，说明成熟度较适中。

芒果飘雪⌐

（做法）①芒果洗净，去皮、核，放入榨汁机中，加糖水后，搅拌成雪状。②倒入杯中，注入凉开水即可。

（重点提示）芒果最好切成小块再放入榨汁机中榨汁。

（材料）芒果100克，哈密瓜200克，牛奶200毫升

（材料）芒果1个，凉开水30毫升，糖水50毫升

⌐芒果豆奶汁

（做法）①将芒果用清水洗净，削皮去核，取果肉，加豆奶、莱姆汁、纯蜂蜜，搅打至起沫。②加些纯蜂蜜、碎冰，倒入豆奶果汁即可。

（重点提示）如将果汁放入冰箱冷藏30分钟口感更佳。

圣女果芒果汁⌐

（做法）①芒果洗净，去皮，去核，切块。②圣女果洗净，去蒂，切块。将所有材料搅打成汁，加入冰糖即可。

（重点提示）要选用自然成熟、表皮颜色均匀、有香味的芒果。

（材料）芒果1个，豆奶300毫升，莱姆汁适量，纯蜂蜜1~2汤匙，碎冰适量

（材料）圣女果200克，芒果1个，冰糖5克

扫一扫二维码，下载"掌厨"，出现"掌厨"标志和首页后，点击"搜索"标志，输入食材"柠檬"，会搜索出46种柠檬的做法，并可分别观看视频。

柠檬

 选购： 要选果皮有光泽、新鲜且完整的柠檬。

 保存： 放入冰箱中可长期保存。

营养黄金组合

柠檬+蜂蜜=美容养颜
柠檬与蜂蜜同食，具有美容养颜和缓解肩胛酸痛的作用。

柠檬+菠萝=生津止渴
柠檬与菠萝同食，具有生津止渴、健胃、止痛的功效。

食用禁忌

柠檬+山楂=影响肠胃的消化功能
柠檬与山楂同食，会影响肠胃的消化功能。

功效： ①美白护肤：鲜柠檬的维生素含量极为丰富，能防止和消除皮肤色素沉着，使皮肤白皙。其独特的果酸成分可以软化角质层，令皮肤变得白皙而富有光泽。
②增强免疫：柠檬富含维生素C、糖类、钙、磷、铁、维生素B_1、维生素B_2、柠檬酸、苹果酸等，可以预防感冒、增强免疫力。

材料 柠檬2个，蜂蜜30毫升，凉开水60毫升

柠檬汁

做法 ①将柠檬洗净，对半切开后榨成汁。②将柠檬汁及其他材料倒入有盖的大杯中。③盖紧盖子摇动10~20下，倒入小杯中即可。

重点提示 不要买太硬的柠檬，太硬的柠檬会很酸。

酸甜柠檬浆

做法 ①柠檬洗净，去皮，去核，切块，放入榨汁机榨汁。②豆浆和蜂蜜倒入榨汁机容杯中搅拌后，再倒入玻璃杯中。③在玻璃杯中加柠檬汁即可。

重点提示 可加少许白开水调和柠檬的酸味。

材料 柠檬1/2个，蜂蜜适量，豆浆180毫升

↙纤体柠檬汁

做法 ①柠檬洗净，去皮，切片；菠萝去皮，切块。②将柠檬、菠萝块放入榨汁机中榨成汁。③加入蜂蜜一起搅拌均匀。

重点提示 菠萝切块后最好用盐水浸泡一会，以去除涩味。

材料 柠檬、菠萝、蜂蜜各适量

双果柠檬汁↘

做法 ①芒果与人参果洗净，去皮、子，切块，放入榨汁机中榨汁。②柠檬洗净，切块，入榨汁机榨汁。③柠檬汁与芒果人参果汁、凉开水搅匀即可。

重点提示 要选择颜色洁白、带有蓝纹的人参果。

材料 芒果1个，人参果1个，柠檬1/2个，凉开水100毫升

↙柠檬橙子香瓜汁

做法 ①柠檬洗净，切块；橙子去皮后去子，切块；香瓜洗净，去子，切块。②将柠檬、橙子、香瓜依序放入榨汁机中，搅打成汁即可。

重点提示 选购时要闻一闻，有香味的瓜比较甜。

材料 柠檬1个，橙子1个，香瓜1个

强体果汁↘

做法 ①将橙子去皮，洗净；鸡蛋打散备用。②将橙子切成块状。③将所有的原材料放入榨汁机中榨汁，装入杯中即可。

重点提示 新鲜的柠檬色泽是鲜艳的，一般不会呈黄绿分布。

材料 鸡蛋1个，柠檬汁10毫升，蜂蜜适量，橙子1个

扫一扫二维码，下载"掌厨"，出现"掌厨"标志和首页后，点击"搜索"标志，输入食材"樱桃"，会搜索出12种樱桃的做法，并可分别观看视频。

樱桃

选购： 应选颜色鲜艳、果粒饱满、表面有光泽的樱桃。

保存： 樱桃不宜久存，放入冰箱中可储存3天。

营养黄金组合

樱桃+草莓=美容养颜

樱桃与草莓同食，具有美容养颜的功效。

樱桃+柚子=增强免疫力

樱桃与柚子都有增强人体免疫力的作用，同时食用具有增强免疫力的功效。

食用禁忌

樱桃+螃蟹=轻微中毒

樱桃与螃蟹同食会出现轻微中毒的现象。

功效： ①美白护肤：樱桃营养丰富，所含蛋白质、糖、磷、胡萝卜素、维生素C等均比苹果、梨高，含铁量尤其高，常用樱桃汁涂擦面部及皱纹处，能使面部皮肤红润嫩白，去皱消斑。
②增强免疫力：樱桃中富含的铁是合成人体血红蛋白、肌红蛋白的原料，在人体免疫、蛋白质合成及能量代谢等过程中，发挥着重要的作用。

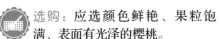

樱桃草莓汁

做法 ①红葡萄、樱桃、草莓洗净。将红葡萄切半，把大颗草莓切块，与樱桃一起放入榨汁机中榨汁。②把成品倒入玻璃杯中，加冰块、樱桃装饰即可。

重点提示 要选择连有果蒂、光鲜饱满的樱桃。

樱桃柚子汁

做法 ①将柚子、樱桃洗净，切块。②将所有材料放入榨汁机中，搅打1分钟，倒入杯中即可。

重点提示 樱桃的用量可根据个人喜爱来决定。

材料 草莓200克，红葡萄250克，樱桃150克，冰块适量

材料 柚子1/2个，樱桃100克，糖水30毫升，凉开水30毫升

╱ 樱桃牛奶

(做法) ①将樱桃用清水洗干净，去除核，放入榨汁机中，倒入适量的低脂牛奶与蜂蜜。②搅拌均匀后即可饮用。

(重点提示) 可添加少许食盐，这样榨出来的汁更酸甜可口。

樱桃鲜果汁 ╲

(做法) ①将樱桃、柠檬、菠萝洗净，去皮、核（子），放入榨汁机中。②加入凉开水、蜂蜜，榨汁即可。

(重点提示) 用清水加少许盐将樱桃浸泡一会儿可去除表皮残留物。

(材料) 樱桃10颗，低脂牛奶200毫升，蜂蜜少许

(材料) 樱桃8颗，菠萝50克，柠檬1个，蜂蜜10克，凉开水400毫升

╱ 樱桃西红柿橙子汁

(做法) ①将橙子洗净，对切，榨汁。②将樱桃、西红柿洗净，切小块，放入榨汁机榨汁，以滤网去残渣。③将做法①及做法②的果汁混合拌匀即可。

(重点提示) 要选择果实饱满、有弹性的橙子。

樱桃优酪乳 ╲

(做法) ①红樱桃洗净，去子，切小块备用。②将所有材料放入榨汁机中搅打30秒即成。

(重点提示) 采用酸、甜樱桃组合榨汁，可榨出酸甜可口、风味优良的果汁。

(材料) 西红柿50克，橙子1个，樱桃300克

(材料) 红樱桃15颗，优酪乳30克，糖15克，冰水100毫升，碎冰120克

扫一扫二维码，下载"掌厨"，出现"掌厨"标志和首页后，点击"搜索"标志，输入食材"石榴"，会搜索出2种石榴的做法，并可分别观看视频。

石榴

选购：选购石榴时，以果实饱满、较重，果皮表面色泽较深的为好。

保存：石榴不宜保存，建议买回后1周之内吃完。

营养黄金组合

石榴+苹果=增强免疫力

石榴与苹果同食，具有增强免疫力的功效。

石榴+蜂蜜=治疗腹痛

石榴与蜂蜜同食，可以治疗腹痛。

食用禁忌

石榴+胡萝卜=身体不适

石榴与胡萝卜同食易导致身体不适。石榴酸涩有收敛作用，感冒、急性盆腔炎、尿道炎等患者慎食。石榴多食会损伤牙齿，还会助火生痰。

功效：①美白护肤：石榴中含有的钙、镁、锌等矿物质，能迅速补充肌肤所失水分，令肤质更为明亮柔润。
②增强免疫力：石榴的营养特别丰富，含有多种人体所需的营养成分，果实中含有维生素C及B族维生素、有机酸、糖类、蛋白质等，可以增强人体免疫力。

石榴苹果汁

做法 ①剥开石榴的皮，取出果实；将苹果洗净，去核，切块。②将苹果、石榴、柠檬放进榨汁机，榨汁即可。

重点提示 用刀子在石榴顶上环切一圈，这样能很快剥开石榴的皮。

材料 石榴、苹果、柠檬各1个

石榴梨泡泡饮

做法 ①梨洗净，去皮，切块；石榴切开去皮，取石榴子；二者一起搅打成汁。②倒入蜂蜜搅拌，装杯加冰块、梨片即可。

重点提示 石榴以果实饱满、重量较重的较好。

材料 梨2个，石榴1个，蜂蜜、冰块、梨片各适量

番石榴

营养黄金组合

番石榴+葡萄柚=降低血脂

番石榴与葡萄柚同时食用，可以降低血脂。

番石榴+柚子=增强免疫力

番石榴与柚子同食，具有增强免疫力的功效。

选购： 要选择果实颜色均匀、体形硕大的果实。

保存： 建议现买现食，番石榴放在阴凉通风处可保存1周。

食用禁忌

患有流行感冒、急性炎症、上火便秘者应谨慎食用。

功效： ①开胃消食：番石榴营养丰富，含有蛋白质、脂肪、糖类等，可增加食欲，促进儿童生长发育。

②增强免疫力：番石榴含有维生素A、B族维生素、维生素C、钙、磷、铁等，可以增强人体免疫力。

番石榴葡萄柚汁

做法 ①红葡萄、番石榴洗净，切块。②柚子去皮。将冰块放入榨汁机容器中，以防止榨汁时产生泡沫。将番石榴、柚子、红葡萄、柠檬榨汁即可。

重点提示 冰块以刨冰为佳，也可用碎冰代替。

材料 红葡萄100克，番石榴1/2个，柚子80克，冰块少许，柠檬1个

番石榴综合果汁

做法 ①番石榴洗净，切开，去子；菠萝去皮切块；橙子去皮，切块；柠檬洗净，切片。②番石榴、菠萝、柠檬、橙子榨汁。③加莱姆汁、凉开水，搅匀。

重点提示 将果汁放入冰箱冷藏30分钟更好喝。

材料 番石榴2个，菠萝30克，莱姆汁少许，橙子1个，柠檬1个，凉开水少量

李子

选购：要选择颜色均匀、果粒完整、无虫蛀的李子。

保存：可放入冰箱中冷藏1周。

营养黄金组合

李子+牛奶=开胃消食
李子与牛奶同食，具有开胃消食、健脾养胃的功效。

李子+柠檬=养颜护肤
李子能使颜面光洁如玉，柠檬能消毒去垢、清洁皮肤，两者同食具有美白护肤的功效。

食用禁忌

李子+鸡肉=损五脏
李子与鸡肉同时食用会损五脏。
李子含有大量的果酸，多食伤脾胃。

功效：①开胃消食：李子能促进胃酸和消化酶的分泌，有增强肠胃蠕动的作用。
②美白护肤：李子的悦面养容之功十分奇特，能使颜面光洁如玉。

└李子牛奶饮

做法 ①将李子洗净，去核取肉。②将李子肉、牛奶放入榨汁机中。③加入蜂蜜，搅拌均匀即可。

重点提示 可加少量冰块，这样榨出来的果汁更美味爽口。

李子柠檬汁┘

做法 ①李子洗净，削皮，去核；柠檬洗净，切开，去皮，和李子一起放入榨汁机。②将凉开水倒入，充分搅匀，滤掉果渣，倒入杯中即可。

材料 李子6个，蜂蜜适量，牛奶少许

重点提示 未熟透的李子不能吃。

材料 新鲜李子2个，柠檬1/4个，凉开水400毫升

扫一扫二维码，下载"掌厨"，出现"掌厨"标志和首页后，点击"搜索"标志，输入食材"荔枝"，会搜索出4种荔枝的做法，并可分别观看视频。

荔枝

营养黄金组合

荔枝+柠檬=排毒瘦身

荔枝与柠檬同食，具有排毒瘦身的功效。

荔枝+酸奶=开胃消食

荔枝与酸奶同食，具有开胃消食、健脾养胃的功效。

选购：要选择果肉透明但汁液不溢出、肉质结实的果实。

保存：荔枝不宜长期保存，建议最好现买现食。

食用禁忌

荔枝+黄瓜=破坏维生素C

两者同食会破坏维生素C，降低营养价值。

功效：①增强免疫力：荔枝含有丰富的糖分、蛋白质、多种维生素、脂肪、柠檬酸、果胶等，具有增强人体免疫力的功效。

②美白护肤：荔枝拥有丰富的维生素，可促进毛细血管的血液循环，防止雀斑生成，令皮肤更加光滑。

③养心润肺：荔枝有补血健肺之效，对心肺功能不佳的人有补益作用。

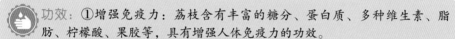

荔枝酸奶

做法 ① 将荔枝去壳与子，用冷水洗净，放入榨汁机中。②倒入酸奶，搅匀后饮用。

重点提示 荔枝一次不能用太多，也不要空腹食用，否则会引发低血糖，也会引起恶心、四肢无力。

荔枝柠檬汁

做法 ① 将荔枝去皮及核，用清水洗净。②将全部材料放入榨汁机中，榨成汁即可。

重点提示 如果荔枝的外壳龟裂片平坦、缝合线明显，那么味道一定会很甘甜。

材料 荔枝8个，酸奶200毫升

材料 荔枝400克，柠檬1/4个，凉开水适量

扫一扫二维码，下载"掌厨"，出现"掌厨"标志和首页后，点击"搜索"标志，输入食材"葡萄柚"，会搜索出**2种葡萄柚的做法**，并可分别观看视频。

葡萄柚

选购： 表皮光滑有弹性，结实及有厚重感的葡萄柚较好。

保存： 葡萄柚要装进保鲜袋后放入冰箱里保存。

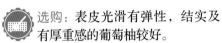

营养黄金组合

葡萄柚+苹果=促进新陈代谢
葡萄柚中的维生素C和苹果中的有机酸可以促进人体新陈代谢。

葡萄柚+油菜=预防骨质疏松
葡萄柚中的维生素C与油菜中的钙结合对预防骨质疏松有疗效。

食用禁忌

葡萄柚+西瓜=腹胀
葡萄柚性寒，体质虚寒或胃寒患者不宜食用。

功效： ①防癌抗癌：葡萄柚含有丰富的果胶，果胶是一种可溶性纤维，可以溶解胆固醇，对于肥胖症、水分滞留、蜂窝组织炎症等颇有改善作用，可降低癌症发生的概率。
②美白护肤：葡萄柚中含有宝贵的天然维生素P和丰富的维生素C以及可溶性纤维素。维生素P可以增强皮肤及毛孔的功能，有利于皮肤保健。

材料 葡萄柚1个，苹果100克

葡萄柚苹果汁

做法 ①将苹果去皮、洗净，葡萄柚去皮，将二者均切成适当大小的块。②所有材料放入榨汁机内搅打成汁，滤出果肉即可。

重点提示 皮触摸起来柔软而富有弹性的葡萄柚肉多皮薄。

葡萄柚梨子汁

做法 ①葡萄柚去皮，榨汁备用；梨子洗净，切块，放入榨汁机中榨汁。②把全部果汁混合，倒在玻璃杯中碎冰上即可饮用。

重点提示 果汁最好现做现饮，否则会破坏维生素。

材料 红葡萄柚（切半）1个，青葡萄柚1/2个，梨子2个，碎冰适量

扫一扫二维码，下载"掌厨"，出现"掌厨"标志和首页后，点击"搜索"标志，输入食材"榴莲"，会搜索出3种榴莲的做法，并可分别观看视频。

069

▼
▼

第二章 果汁

榴莲

选购：当榴莲有一股酒精味时，一定是变质了，不要购买。

保存：成熟后自然裂口的榴莲存放时间不能太久，应尽快食用。

营养黄金组合

榴莲+蜂蜜=提神健脑
榴莲与蜂蜜同食，能起到提神健脑的功效。

榴莲+牛奶=开胃消食
榴莲与牛奶同食，具有健脾养胃、开胃消食的功效。

食用禁忌

榴莲+酒=对身体不利
吃过榴莲之后不能马上饮酒，否则对身体不利。

功效：①增强免疫力：榴莲含有丰富的蛋白质和脂类，对机体有很好的补养作用。
②降低血压：榴莲果中钾和钙的含量特别高，钾参与蛋白质、碳水化合物和能量的代谢及物质转运，有助于预防和治疗高血压。
③开胃促消化：榴莲中富含膳食纤维，可以促进肠蠕动，增进食欲。

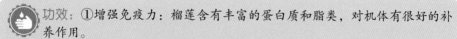

蜜汁榴莲

做法 ①将榴莲肉放入榨汁机中。②倒入蜂蜜。③加入适量的清水后，搅打均匀即可。

重点提示 榴莲以外形多丘状的为上选，榴莲的壳变黄，刺有一点软，外壳散发出榴莲香的最好。

榴莲牛奶果汁

做法 ①将水蜜桃洗净。将榴莲肉、水蜜桃、蜂蜜倒入榨汁机。②将凉开水倒入，盖上杯盖，充分搅拌成果泥状，加入鲜牛奶，调成果汁即可。

重点提示 个头大的榴莲通常有较多的养分。

材料 榴莲肉60克，蜂蜜少许，清水适量

材料 榴莲肉100克，水蜜桃50克，蜂蜜少许，鲜牛奶、凉开水各200毫升

扫一扫二维码，下载"掌厨"，出现"掌厨"标志和首页后，点击"搜索"标志，输入食材"杨桃"，会搜索出7种杨桃的做法，并可分别观看视频。

杨桃

 选购： 应选择个大、颜色金黄、闻起来有香味的果实。

 保存： 杨桃不能放入冰箱中冷藏，要放在通风阴凉处储存。

营养黄金组合

杨桃+蜂蜜=排毒瘦身

杨桃含有丰富的糖分、纤维素及酸素，与蜂蜜同食，具有排毒瘦身的功效。

杨桃+橙子=治疗口腔溃疡

杨桃与橙子同食，对咽喉炎症、口腔溃疡、风火牙痛等有很好的疗效。

食用禁忌

杨桃+乳酪=引起腹泻

杨桃与乳酪不能同时食用，否则容易导致腹泻。

功效： ①开胃消食：新鲜杨桃碳水化合物的含量丰富，所含脂肪、蛋白质等营养成分对人体有助消化的功能。
②增强免疫力：杨桃富含的维生素C能提高机体免疫力。
③美白养颜：杨桃里面含有较多的果酸，能够抑制黑色素的沉淀，能有效地去除或淡化黑斑，并且有保湿的作用，可以让肌肤变得滋润有光泽。

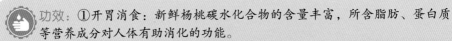

╱蜂蜜杨桃汁

做法 ①将杨桃用清水洗净，切成小块，放入榨汁机中。②倒入适量的凉开水和蜂蜜，搅打成果汁即可饮用。

重点提示 将果汁放入冰箱冷藏30分钟后再饮用口感更佳。

材料 杨桃1个，蜂蜜少许，凉开水200毫升

杨桃橙子汁╲

做法 ①杨桃洗净，切块，放入半锅水中，煮开后转小火熬煮4分钟，放凉；橙子洗净，切块。②将杨桃倒入杯中，加入橙子和辅料一起调匀即可。

重点提示 杨桃煮的时间不宜太长，否则营养会流失。

材料 杨桃2个，橙子1个，柠檬汁、蜂蜜各少许

甜瓜

选购：选购时要闻一闻瓜的头部，有香味的瓜一般比较甜。

保存：将甜瓜放置于阴凉通风处可保存1周左右。

【营养黄金组合】

甜瓜+酸奶=消暑解渴

甜瓜与酸奶同食，具有消暑解渴的功效。

甜瓜+苹果=开胃消食

甜瓜与苹果同食，具有健肠整胃、开胃消食、补血益气的功效，对慢性病有改善作用。

【食用禁忌】

甜瓜+田螺=腹泻

甜瓜不能与田螺同食，否则会导致腹泻。

功效：①消暑解渴：甜瓜含有大量的碳水化合物及柠檬酸、胡萝卜素和B族维生素、维生素C等，且水分充沛，可消暑清热、生津解渴、除烦等。②增强免疫力：甜瓜含有苹果酸、葡萄糖、氨基酸等营养成分，常食可以增强机体的免疫能力。

甜瓜酸奶汁

【做法】①将甜瓜洗净，去掉皮，切块，放入榨汁机中榨成汁。②将果汁倒入榨汁机中，加入酸奶、蜂蜜，搅打均匀即可。

【重点提示】选择甜瓜时要注意闻瓜的头部，有香味的瓜一般比较甜。

香瓜苹果汁

【做法】①香瓜洗净，切开，去子，削皮，切成小块。②苹果洗净，去皮，去核，切块。③将准备好的材料倒入榨汁机内榨成汁，加入柠檬汁和冰块。

【重点提示】甜瓜的瓜蒂有毒，要将瓜蒂切除。

【材料】甜瓜100克，酸奶1瓶，蜂蜜适量

【材料】香瓜60克，苹果1个，柠檬1个，冰块适量

综合果汁

功效

还在进行"1+1=2"的饮食模式吗？！如果答案是肯定的，那么你就Out了。

生活节奏越来越快，我们的营养却没能跟上来，亚健康在人群中悄然蔓延。"身体是革命的本钱"，为了在竞争激烈的社会中有一个坚实的基础，单一的食物、单一的营养已然无法满足我们"干涸"身体的迫切需求

了。所以，将各类水果一起榨汁便是十分巧妙的搭配，不仅保留了水果中的营养物质，合理的搭配也增加了果汁中所含的营养物质。

然而，水果的搭配并非是越多越好的，其中自有它的讲究。按照水果中所含糖分及果酸的量，可将水果分成三个种类：酸性、亚酸性、甜性。原则上，亚酸性水果可与酸性或甜性水果结合使用，但酸性水果不应与甜性水果合用。另外，摄取水果应限制水果的品类，且一次不要超过三种以上。

综合鲜果汁营养又美味，而且还有美白护肤、增强免疫力等多种营养功效，常食更能带来意想不到的效果。为了自己和家人的健康，让我们一起来合理搭配水果做鲜果汁吧！

∠金色组曲

做法 ① 将苹果去皮与核，用清水洗净后切块，浸于盐水中备用。② 将橙子切成块。③ 将所有材料放入榨汁机中，搅匀即可饮用。

重点提示 最好将苹果皮洗净一起入榨汁机榨汁。

金色嘉年华 ↘

做法 ① 将苹果去皮、核；柠檬洗净，切片；芒果去核，切片。② 将所有材料一起放入榨汁机中，搅匀即可。

重点提示 最好选择富有光泽、表皮较硬、香甜可口的富士苹果。

材料 香蕉100克，橙子150克，苹果200克，蜂蜜少许

材料 苹果200克，柠檬30克，芒果350克，生姜3片

╰ 姜汁甘蔗汁

（做法）① 甘蔗去皮，切块；姜洗净，切小块，一同放入榨汁机中榨成汁。② 将果汁倒入杯中，入微波炉加热即可。

（重点提示）优质甘蔗茎秆粗硬光滑，端正而挺直，表面呈紫色，挂有白霜。

三果综合汁 ╮

（做法）① 无花果洗净，去皮；猕猴桃洗净，去皮，切块；苹果洗净，去核，切块。② 将材料一起搅打出果汁即可。

（重点提示）在购买无花果时，应尽量挑选个头较大的无花果。

（材料）甘蔗200克，姜15克

（材料）无花果1个，猕猴桃1个，苹果1个

╰ 综合鲜果汁

（做法）① 橙子洗净，对切，榨汁。② 葡萄去皮、去子；圣女果洗净，切小块，放入榨汁机榨汁，以滤网去残渣。③ 将做法①及做法②的果汁混合拌匀。

（重点提示）加柠檬汁，榨出来的果汁更酸甜可口。

双奶瓜汁 ╮

（做法）① 将哈密瓜削皮，去子，切丁；柠檬洗净，切片。② 将所有材料放入榨汁机内，搅打2分钟即可饮用。

（重点提示）椰奶可根据个人喜好适量增加或减少。

（材料）圣女果50克，橙子1个，葡萄300克

（材料）哈密瓜200克，椰奶40毫升，鲜奶200毫升，柠檬1/2个

⊿ 美白果汁

[做法] ①菠萝、木瓜、苹果分别用清水洗净，去皮，切小块备用。②所有材料放入榨汁机中搅打均匀即成。

[重点提示] 各种水果的营养不同，所以用来榨汁可尽量多用几种水果。

夏日之恋 ↘

[做法] ①杨桃洗净，切小块；葡萄洗净，去皮，去子备用。②所有材料放入榨汁机中搅打30秒即成。

[重点提示] 清洗杨桃时，只要削掉较薄的菱角即可；有肾病患者应忌口。

[材料] 菠萝、木瓜、苹果各30克，橙子汁、糖水、蜂蜜、冰水、碎冰各适量

[材料] 杨桃60克，葡萄60克，糖水30毫升，碎冰120克

⊿ 杨梅汁

[做法] ①将杨梅用清水洗干净，取其肉放入榨汁机中，搅拌均匀。②将少许的盐与杨梅汁搅拌均匀即可饮用。

[重点提示] 榨汁后加入少许白糖摇匀，口味更佳；杨梅吃多容易上火。

牛油果葡萄柚汁 ↘

[做法] ①牛油果洗净，去皮，切块。②将葡萄柚去外皮，去内膜，切成块。将所有材料倒入榨汁机内搅打均匀即可。

[材料] 杨梅60克，盐少许

[重点提示] 牛油果的清洗比较简单，将表皮洗净就可以了。

[材料] 牛油果1/2个，葡萄柚1个，凉开水200毫升

╱人参果梨汁

做法 ① 将人参果洗净，削皮，切块；梨洗净，削皮去核，切块；将葡萄洗净，去皮与子；柠檬洗净，切片。② 将所有原料放入榨汁机中，榨成汁。

重点提示 要选择颜色洁白、带有蓝纹的人参果。

材料 人参果、梨、柠檬各1个，葡萄100克

百香果蜂蜜饮╲

做法 ① 百香果洗净，划开，放入榨汁机内榨成汁。② 百香果汁与鸡蛋、雪糕、蜂蜜一起放入榨汁机中搅匀。③ 最后在果汁中加入橙汁和冰块即可。

重点提示 要选择新鲜的百香果。

材料 蜂蜜10克，百香果25克，鸡蛋1个，橙汁10毫升，雪糕1个，冰块适量

╱桑葚青梅杨桃汁

做法 ① 将桑葚洗净；青梅洗净，去皮。② 杨桃洗净后切块。将所有原材料放入榨汁机中搅打成汁，加入冰块即可。

重点提示 桑葚不容易清洗，最好放入水中浸泡10分钟。

材料 桑葚80克，青梅40克，杨桃5克，凉开水、冰块各适量

桑葚猕猴桃奶╲

做法 ① 将桑葚洗干净；猕猴桃洗干净，去掉外皮，切成大小适合的块。② 将桑葚、猕猴桃放入榨汁机内，加入牛奶，搅拌均匀即可。

重点提示 用刷子将猕猴桃的茸毛刷净，再用水冲洗。

材料 桑葚80克，猕猴桃1个，牛奶150毫升

∠蜜汁枇杷综合果汁

做法 ①香瓜洗净，去皮，切成小块；菠萝去皮，切成块；枇杷洗净，去皮。②将蜂蜜、凉开水和准备好的材料放入榨汁机榨成汁即可。

重点提示 选颜色黄、颗粒完整、有茸毛的枇杷。

材料 枇杷150克，香瓜50克，菠萝100克，蜂蜜2大匙，凉开水150毫升

木瓜综合果汁∖

做法 ①木瓜剥开，去子，去外皮，和去皮的香蕉一起榨汁。②水蜜桃削皮，去核，放入榨汁机中，加入凉开水，搅拌成果汁即可。

重点提示 加入牛奶，口味也不错。

材料 木瓜100克，香蕉1根，水蜜桃1/2个，凉开水700毫升

∠滋养多果汁

做法 ①草莓洗净，切小块备用。②所有材料放入榨汁机中，搅打30秒，倒入杯中，加1颗草莓做装饰即可。

重点提示 优酪乳饮用的最佳温度是10~12摄氏度，这时的口味最好。

材料 优酪乳150毫升，草莓50克，糖水45克，冰水60克，碎冰120克

蜜柑香蕉汁∖

做法 ①蜜柑去皮，去子，对半切开。②香蕉剥皮，切成小块。③将所有材料放入榨汁机内，搅打成汁即可。

重点提示 不要选太熟烂的香蕉，这样会影响果汁的口感。

材料 香蕉1根，蜜柑60克

第三章
蔬菜汁

　　蔬菜汁不仅色彩鲜艳、易于制作，而且营养丰富、味道可口，正日渐成为人们喜爱的保健饮品。每天早晨，为自己精心制作一款蔬菜汁，不仅能让自己精神舒畅、活力倍增，而且还能补充能量和营养，还可以让积存在细胞中的毒素溶解并排出体外。饮用新鲜的蔬菜汁能让您健健康康每一天。

扫一扫二维码，下载"掌厨"，出现"掌厨"标志和首页后，点击"搜索"标志，输入食材"西红柿"，会搜索出120种西红柿的做法，并可分别观看视频。

西红柿

 选购：选择外观圆滑，透亮而无斑点的西红柿为宜。

 保存：放在阴凉通风的地方，可保存10天左右。

营养黄金组合

西红柿+花菜=预防心血管疾病
西红柿和花菜都含有丰富的维生素，能清除血液中的杂物，同食能有效预防心血管疾病。
西红柿+牛腩=健脾开胃
西红柿与牛腩同食，有健脾开胃的功效，并能补气血。

食用禁忌

西红柿+胡萝卜=破坏维生素C
西红柿+石榴=破坏维生素C

功效：①增强免疫力：西红柿中的B族维生素参与人体广泛的生化反应，能调节人体代谢功能，增强机体免疫力。
②降低血压：西红柿中的维生素C有生津止渴、健胃消食、凉血平肝、清热解毒、降低血压的功效。
③美白护肤：西红柿还有美容效果，常吃具有使皮肤细滑白皙的作用，可延缓衰老。

∠ 西红柿汁

做法 ①西红柿用水洗净，去蒂，切成四块。②在榨汁机内加入西红柿、水和食盐，搅打均匀。③把西红柿汁倒入杯中即可。

重点提示 要选用大一点的西红柿，这样汁水会丰富一些。

西红柿酸奶 ↘

做法 ①将西红柿洗干净，去掉蒂，切成小块，备用。②将切好的西红柿和酸奶一起放入榨汁机内，搅拌均匀即可。

重点提示 西红柿用开水烫一下，更易去掉表皮。

材料 西红柿2个，水100毫升，食盐5克

材料 西红柿100克，酸奶300克

╱ 西红柿蜂蜜汁

(做法) ① 将西红柿洗净，去蒂后切成小块。② 将西红柿及其他材料放入榨汁机中，以高速搅打1分半钟即可。

(重点提示) 选用颜色鲜红、果实饱满的西红柿榨汁口感会更好。

(材料) 西红柿2个，蜂蜜30毫升，凉开水50毫升

西红柿芹菜优酪乳 ╲

(做法) ① 将西红柿洗净，去蒂，切小块。② 将芹菜洗净，切碎。③ 西红柿、芹菜、优酪乳一起入榨汁机榨汁，搅拌均匀即可。

(重点提示) 搅拌时加少许水，榨出来的果汁口感会更好。

(材料) 西红柿100克，芹菜50克，优酪乳300毫升

╱ 西红柿双芹汁

(做法) ① 将西红柿洗净，切成小块；芹菜、水芹洗净，切成小段。② 将所有材料放入榨汁机，榨汁即可饮用。

(重点提示) 芹菜要摘去黄色的叶子。红色重的西红柿对预防癌症很有好处。

(材料) 西红柿2个，芹菜20克，水芹20克

西红柿柠檬汁 ╲

(做法) ① 将西红柿洗净，去皮，切块；芹菜洗净，切段；柠檬洗净，切片。② 所有材料倒入榨汁机内，加凉开水，搅打2分钟。

(重点提示) 喝前可以在蔬果汁里面加一点冰块，更加爽口。

(材料) 西红柿300克，芹菜100克，柠檬1/2个，凉开水250毫升

╱西红柿洋葱汁

(做法) ①西红柿底部以刀轻割"十"字，入沸水余烫后去皮。②洋葱洗净切片，泡入冰水中，沥水。③将西红柿、洋葱及凉开水、黑糖放入榨汁机内，榨汁。

(重点提示) 若没有黑糖，可以用白糖代替。

(材料) 西红柿1个，洋葱100克，凉开水300毫升，黑糖少许

西红柿苹果醋汁╲

(做法) ①将西红柿去皮并切块；西芹撕去老皮，洗净并切成小块。②将所有材料放入榨汁机一起搅打成汁，滤出果汁即可。

(重点提示) 西芹切碎后更容易榨汁。

(材料) 西红柿1个，西芹15克，苹果醋1大勺，冰水100毫升，蜂蜜1小勺

╱西红柿鲜蔬汁

(做法) ①西红柿洗净，切块；西芹、青椒洗净，切片。②将西红柿、西芹、青椒、柠檬汁、矿泉水放入榨汁机内，调匀即可。

(重点提示) 不要选用太辣的青椒，以免影响口感。

(材料) 西红柿150克，西芹2条，青椒1个，柠檬汁10毫升，矿泉水1/3杯

西红柿豆腐汁╲

(做法) ①将西红柿洗净，切成大小适当的块。②豆腐洗净，切块。将所有材料加凉开水榨汁即可。

(重点提示) 豆腐要用清水清洗一遍再切块。

(材料) 西红柿1个，嫩豆腐100克，蜂蜜2大匙，柠檬汁15毫升，凉开水250毫升

（材料）西红柿135克，菠菜70克，柠檬汁20毫升

╱西红柿菠菜汁

（做法）① 将西红柿洗干净，切成小块；将菠菜洗净，去除根部，切成小段。② 将西红柿、菠菜、柠檬汁放入榨汁机内榨出汁，搅拌均匀。

（重点提示）菠菜可以先焯水再榨汁。

西红柿胡萝卜汁╲

（做法）① 西红柿洗净，切成小块；胡萝卜洗净，去皮，切块。② 将西红柿、胡萝卜一起放入榨汁机内搅打成汁，再加入蜂蜜拌匀。

（重点提示）喝时可以再往里面加点冰块，更爽口。

（材料）胡萝卜80克，西红柿1个，蜂蜜少许

（材料）西红柿1个，芹菜30克，嫩豆腐100克，柠檬汁少许，凉开水100毫升

╱西红柿芹菜豆腐汁

（做法）① 将西红柿洗净，切块；芹菜洗净，切成3厘米长的段；豆腐洗净，切块。② 将所有材料放入榨汁机内搅打2分钟即可。

（重点提示）西红柿可将皮去掉后再榨汁。

西红柿海带汁╲

（做法）① 海带洗净，切片；西红柿洗净，切块。将上述材料和柠檬汁放入榨汁机中搅打2分钟，滤其菜渣。② 加入果糖拌匀即可。

（重点提示）海带泡软后，要用手搓洗几遍。

（材料）西红柿200克，海带（泡软）50克，柠檬汁少许，果糖20克

扫一扫二维码，下载"掌厨"，出现"掌厨"标志和首页后，点击"搜索"标志，输入食材"胡萝卜"，会搜索出274种胡萝卜的做法，并可分别观看视频。

胡萝卜

选购： 宜选购体形圆直、表皮光滑、色泽橙红的胡萝卜。

保存： 用保鲜膜将胡萝卜封好，置于冰箱中，可保存2周左右。

营养黄金组合

胡萝卜+羊肉+山药=补脾胃
胡萝卜与羊肉、山药同食，有补脾胃、养肺润肠的功效。
胡萝卜+菠菜=降低中风危险
胡萝卜与菠菜同时食用，可明显降低中风危险。

食用禁忌

胡萝卜+醋=破坏胡萝卜素
胡萝卜与醋同食，会破坏胡萝卜中的胡萝卜素。

功效： ①增强免疫力：胡萝卜中含有丰富的胡萝卜素，能有效促进细胞发育，经常食用有助于提高人体免疫力。
②提神健脑：胡萝卜富含的维生素E，能有效地给身体供氧，有提神健脑的功效。
③降低血糖：胡萝卜含有降糖物质，是糖尿病人的良好食品。

胡萝卜汁

（做法）① 将胡萝卜用水洗净，去皮。②用榨汁机榨出胡萝卜汁，并用水稀释。③把胡萝卜汁倒入杯中，装饰一片胡萝卜即可。

（重点提示）要选用新鲜的大一点的胡萝卜，榨出来的汁味道更佳。

（材料）胡萝卜200克，水100毫升

胡萝卜菠菜汁

（做法）① 菠菜洗净，去根，切成小段；胡萝卜洗净，去皮，切小块；包菜洗净，撕成块；西芹洗净，切成小段。②将准备好的材料放入榨汁机榨成汁。

（重点提示）菠菜、包菜、西芹可用开水焯后再榨汁。

（材料）菠菜100克，胡萝卜50克，包菜2片，西芹60克

∠胡萝卜红薯西芹汁

[做法] ① 将红薯洗净，去皮，煮熟；胡萝卜洗净；带皮使用；西芹洗净；均以适当大小切块。② 将所有材料放入榨汁机一起搅打成汁，滤出果汁即可。

[重点提示] 红薯煮熟后更易去皮。

胡萝卜苜蓿汁↘

[做法] ① 将胡萝卜洗净，去皮，切成小块；苜蓿洗净；将苹果洗净，去核，切块。② 将所有材料倒入榨汁机内搅打成汁即可。

[重点提示] 苹果切后最好浸泡在淡盐水中以防氧化。

[材料] 胡萝卜70克，红薯50克，西芹25克，蜂蜜1小勺，冰水200毫升

[材料] 胡萝卜50克，苜蓿50克，苹果1/2个，冰糖适量，凉开水200毫升

∠胡萝卜西蓝花汁

[做法] ① 将西蓝花、胡萝卜用清水洗干净，切成大小均匀的块，放入榨汁机中，榨出汁液。② 加适量的柠檬汁、蜂蜜，拌匀即可饮用。

[重点提示] 柠檬汁可以最后加入。

莲藕胡萝卜汁↘

[做法] ① 将莲藕与胡萝卜用清水洗净，去皮，切块。② 所有材料放入榨汁机一起搅打成汁，滤出果汁即可。

[重点提示] 选用鲜嫩一点的莲藕榨汁，味道更佳。

[材料] 西蓝花100克，胡萝卜80克，柠檬汁100毫升，蜂蜜少许

[材料] 莲藕50克，胡萝卜50克，冰水300毫升，蜂蜜1小勺，柠檬汁适量

扫一扫二维码，下载"掌厨"，出现"掌厨"标志和首页后，点击"搜索"标志，输入食材"包菜"，会搜索出**44种包菜的做法**，并可分别观看视频。

包菜

[营养黄金组合]

包菜+西红柿=消除疲劳
两者同食，具有益气生津的功效。
包菜+木耳=健胃补脑
木耳营养丰富，被誉为"菌中之冠"，包菜中含有丰富的维生素C，两者同食，可填精健脑。

选购：要选择完整、无虫蛀、无萎蔫的新鲜包菜。

保存：包菜可置于阴凉通风处保存2周左右。

[食用禁忌]

包菜+黄瓜=影响维生素C的吸收
包菜含丰富的维生素C，与黄瓜同食会影响维生素C的吸收。

功效：①增强免疫力：包菜中含有丰富的维生素C，能强化免疫细胞，对抗感冒病毒。
②防癌抗癌：包菜中的萝卜硫素和吲哚类化合物具有很强的抗癌作用。
③治疗溃疡：包菜中的维生素U是抗溃疡因子，并具有分解亚硝酸胺的作用，对溃疡有着很好的治疗作用。

∠包菜汁

（做法）①将包菜用清水洗净，切成4~6等份。②把叶片卷起来放入榨汁机中，榨成汁即可。

（重点提示）搅拌时加适量水，包菜更易出汁。怕胃寒者，可在汁中混入生姜或大蒜。

包菜土豆汁＼

（做法）①将土豆洗净，去皮；南瓜去子切成块焯一下水；包菜洗净后切块。②将所有材料放入榨汁机一起搅打成汁，滤出果汁即可。

（重点提示）不能选择已发芽的土豆来榨汁。

（材料）包菜2片

（材料）包菜50克，土豆1个，南瓜50克，牛奶200毫升，冰水、蜂蜜各适量

蔬菜混合汁

做法　①将包菜用清水洗净，切成4~6等份；黄瓜洗净，纵向对半切开；将甜椒洗净，去除子和蒂。②将所有材料放入榨汁机榨汁。

重点提示　选用嫩一点的黄瓜，汁液更多。

包菜水芹汁

做法　①将包菜洗净，切成4~6等份；将水芹洗净，切段。②用包菜包裹水芹，放入榨汁机中，榨成汁即可。

重点提示　水芹切段后，更方便榨汁。

材料　包菜1片，黄瓜半根，甜椒1/4个

材料　包菜1片，水芹3棵

包菜莴笋汁

做法　①将莴笋、包菜洗净，切块。②将以上材料放入榨汁机中，加入凉开水和蜂蜜，搅匀即可饮用。

重点提示　莴笋要先去皮，再洗净。

包菜白萝卜汁

做法　①将白萝卜洗净，去皮，与洗净的包菜以适当大小切块。②将所有材料放入榨汁机一起搅打成汁，滤出果汁。

重点提示　选用大一点的白萝卜榨汁，味道更佳。

材料　莴笋、包菜各100克，蜂蜜少许，凉开水300毫升

材料　包菜50克，白萝卜50克，冰水300毫升，酸奶1/4杯

扫一扫二维码，下载"掌厨"，出现"掌厨"标志和首页后，点击"搜索"标志，输入食材"菠菜"，会搜索出**80种菠菜的做法**，并可分别观看视频。

菠菜

选购： 选择叶柄短、根小色红、叶色深绿的菠菜为佳。

保存： 放入冰箱冷藏易保存营养。

【营养黄金组合】

菠菜+茄子=预防癌症
茄子与菠菜同食，是预防癌症的食疗良方。
菠菜+海带=防止结石
菠菜营养齐全，海带含有丰富的碘，二者同食可预防动脉硬化，降低胆固醇。

【食用禁忌】

菠菜+韭菜= 腹泻
韭菜具有补肾、健胃等功效，与菠菜同食容易引起腹泻。

功效： ①补血养颜：菠菜含有丰富的铁，可以预防贫血，使皮肤保持良好的血色。
②排毒瘦身：菠菜含有大量水溶性纤维素，能够清理肠胃热毒，防治便秘。
③增强免疫力：菠菜中含有抗氧化剂维生素E和硒元素，能促进人体新陈代谢，延缓衰老，增强免疫力，使人青春永驻。

∠菠菜汁

【做法】①将菠菜洗净，切成小段。②将菠菜放入榨汁机中，倒入凉开水搅打。榨成汁后，加蜂蜜调味即可饮用。

【重点提示】菠菜最好把根部去掉，这样榨出的汁色泽更好。

菠菜优酪乳↘

【做法】①将菠菜、西红柿洗净，切成大小适当的块。②将所有原材料放入榨汁机，榨成汁即可。

【重点提示】喝菠菜优酪乳前再用勺子搅拌一下，味道更均匀。

【材料】菠菜100克，凉开水50毫升，蜂蜜少许

【材料】菠菜100克，西红柿150克，低脂优酪乳100克，柠檬汁10毫升

∠菠菜黑芝麻牛奶汁

[做法] ① 将菠菜用清水洗净，去除根部。② 将菠菜、黑芝麻、牛奶放入榨汁机中，加入适量的蜂蜜，榨成汁即可。

[重点提示] 最好选用熟的黑芝麻榨汁，味道会更佳。

[材料] 菠菜1根，黑芝麻10克，牛奶半杯，蜂蜜少许

双芹菠菜蔬菜汁∖

[做法] ① 芹菜、西芹、菠菜洗净，均切成小段；胡萝卜洗净，削皮，切成小块。② 上述所有材料放入榨汁机中，榨出汁，加入柠檬汁、凉开水拌匀。

[重点提示] 芹菜的老根最好去掉后再榨汁。

[材料] 芹菜、胡萝卜各100克，西芹20克，菠菜80克，柠檬汁、凉开水各适量

∠菠菜西蓝花汁

[做法] ① 西蓝花洗净切小块；菠菜洗净切段。② 将西蓝花块、菠菜段焯熟，捞出，一起放入榨汁机中，倒入适量的清水和白糖，搅拌均匀即可饮用。

[重点提示] 西蓝花焯水的时间可久一点，这样榨汁时口感更佳。

[材料] 菠菜200克，西蓝花180克，白糖10克

黄花菠菜汁∖

[做法] ① 黄花菜洗净；葱白、菠菜洗净，切段。② 黄花菜、菠菜、葱白放入榨汁机中榨汁，再加入蜂蜜、凉开水、冰块高速搅打匀。

[重点提示] 黄花菜一定要先焯熟后再榨汁。

[材料] 黄花菜、菠菜、葱白各60克，蜂蜜30毫升，凉开水80毫升，冰块70克

扫一扫二维码，下载"掌厨"，出现"掌厨"标志和首页后，点击"搜索"标志，输入食材"芹菜"，会搜索出190种芹菜的做法，并可分别观看视频。

芹菜

营养黄金组合

芹菜+牛肉=降血压

芹菜与牛肉相配，既能保证正常的营养供给，又能降低血压。

芹菜+西红柿=降脂降压

芹菜与西红柿同食，能起到降脂降压的作用，对高血压、高血脂患者尤为适宜。

选购：选购时，以茎秆粗壮、无黄萎叶片的芹菜为佳。

保存：芹菜用保鲜膜包紧，放入冰箱中可储存2~3天。

食用禁忌

芹菜+螃蟹=影响蛋白质吸收

芹菜与螃蟹同食，会影响人体对螃蟹中的蛋白质吸收。

功效：①补血养颜：铁是合成血红蛋白不可缺少的原料，是促进B族维生素代谢的必要物质。有补血的功效。

②降低血压：芹菜中含有酸性的降压成分，可使血管扩张，它能对抗烟碱、山梗茶碱引起的升压反应。

③提神健脑：从芹菜中分离出的一种碱性成分，可在很大的程度上安定情绪、消除烦恼。

∠芹菜汁

做法 ①将芹菜洗净，摘掉叶子，均以适当大小切块。②将切好的芹菜和冰水、柠檬汁放入榨汁机一起搅打成汁，滤出菜渣即可。

重点提示 将榨好的芹菜汁放入冰箱冷藏一下，口感会更好。

材料 芹菜1棵，冰水100毫升，柠檬汁少许

芹菜西红柿汁↘

做法 ①西红柿用清水洗净，切丁。②芹菜洗净，切成小段；柠檬洗净，切成片。③将所有的材料放入榨汁机内，搅拌2分钟即可饮用。

重点提示 西红柿很容易搅碎，对半切四块即可。

材料 西红柿400克，芹菜1棵，柠檬1个，凉开水240毫升

∠芹菜芦笋汁

做法 ①将芦笋去除根，芹菜去叶，洗净后均以适当大小切块。②将所有材料放入榨汁机一起搅打成汁，滤出果汁即可。

重点提示 蔬菜汁里滤出的菜渣也可以一同食用。

材料 芹菜70克，芦笋2根，蜂蜜1小勺，核桃、牛奶各适量

芹菜柠檬汁↘

做法 ①将芹菜洗净，切段。②将生菜洗净，撕成小片；柠檬洗净后连皮切成三块。③将准备好的材料放入榨汁机内，榨成汁，加入蜂蜜拌匀即可。

重点提示 选色泽鲜亮，果肉饱满的柠檬，口感更好。

材料 芹菜80克，生菜40克，柠檬1个，蜂蜜少许

∠甜椒芹菜汁

做法 ①甜椒用清水洗净，去蒂和子；油菜洗净。②芹菜洗净，切段，与油菜、甜椒一起放入榨汁机搅拌，再加柠檬汁拌匀即可。

重点提示 辣椒不要选用太辣的，以免影响口感。

材料 甜椒1个，芹菜30克，油菜1棵，柠檬汁少许

牛蒡芹菜汁↘

做法 ①将牛蒡洗净，去皮，切块备用。②将芹菜洗净，去叶后备用。③将上述材料与凉开水一起放入榨汁机中。榨汁后，加入蜂蜜，拌匀即可饮用。

重点提示 牛蒡用水焯一下再榨汁，味道更佳。

材料 牛蒡2根，芹菜2棵，蜂蜜少许，凉开水200毫升

扫一扫二维码，下载"掌厨"，出现"掌厨"标志和首页后，点击"搜索"标志，输入食材"西蓝花"，会搜索出**80种西蓝花的做法**，并可分别观看视频。

西蓝花

[营养黄金组合]

西蓝花+西红柿=预防心血管疾病

西红柿和西蓝花能清除血液中的杂物，同食能有效预防心血管疾病。

西蓝花+枸杞=有利于营养吸收

两者同时搭配食用，有利于营养吸收，还有抗癌作用。

选购： 选购西蓝花以菜株亮丽、花蕾紧密结实的为佳。

保存： 用纸张或透气膜包住西蓝花，放入冰箱，可保鲜1周左右。

[食用禁忌]

西蓝花+牛奶=影响钙吸收

西蓝花与牛奶同食，会影响牛奶中钙的吸收。

功效： ①降低血脂：西蓝花富含的类黄酮不仅可以防止感染，还是最好的血管清理剂，能够阻止胆固醇氧化，防止血小板凝结成块，因而减少心脏病与中风的危险。

②防癌抗癌：西蓝花不但能给人体补充一定量的硒和维生素C，同时也能供给丰富的胡萝卜素，可以起到阻止癌前病变细胞形成的作用。

╱西蓝花西红柿汁

[做法] ①各种材料洗净，切成大小适当的块。②将准备好的材料放入榨汁机内，榨成汁。③将柠檬汁倒入杯中，拌匀。

[重点提示] 西红柿去掉表皮后可以不用切，直接榨汁饮用。

芹菜西蓝花蔬菜汁╲

[做法] ①将莴笋去皮，切丁；芹菜洗净，切段；西蓝花洗净，切小块。②将以上材料全部放入沸水中焯熟，再倒入榨汁机中，注入奶牛，搅打成汁即可。

[重点提示] 莴笋焯水时间不要太久，以免破坏其营养。

[材料] 西蓝花、西红柿各100克，柠檬汁少许

[材料] 西蓝花90克，芹菜70克，莴笋80克，牛奶100毫升

∠西蓝花白萝卜汁

[做法] ① 将西蓝花、白萝卜用清水洗净，切成大小适当的块，放入榨汁机中，榨出西蓝花白萝卜汁液。② 加柠檬汁、蜂蜜，拌匀即可。

[重点提示] 可以加点凉开水稀释一下蔬菜汁的浓度。

[材料] 西蓝花100克，白萝卜80克，柠檬汁100毫升，蜂蜜少许

西蓝花菠菜汁∖

[做法] ① 将西蓝花洗净，切块；葱白、菠菜洗净切段。② 将所有材料放入榨汁机中，以高速搅打40秒即可。

[重点提示] 西蓝花用水焯一下再榨汁，口感会更好。

[材料] 西蓝花60克，菠菜60克，葱白60克，蜂蜜30克，凉开水80毫升

∠西蓝花芦笋汁

[做法] ① 将芦笋去根，洗净，切块；包菜洗净，切块；西蓝花洗净，掰成小朵焯一下。② 将所有材料放入榨汁机一起搅打成汁，滤出菜渣即可。

[重点提示] 不要选用全开的西蓝花。

[材料] 西蓝花60克，芦笋15克，包菜30克，冰水、绿茶粉、蜂蜜各适量

西蓝花包菜汁∖

[做法] ① 将西蓝花、小西红柿、包菜洗净，切成大小适当的块，放入榨汁机中，榨出汁液。② 加柠檬汁拌匀即可饮用。

[重点提示] 选用大西红柿榨汁，汁液更丰富。

[材料] 西蓝花100克，小西红柿10个，包菜50克，柠檬汁100毫升

扫一扫二维码，下载"掌厨"，出现"掌厨"标志和首页后，点击"搜索"标志，输入食材"黄瓜"，会搜索出128种黄瓜的做法，并可分别观看视频。

黄瓜

选购：黄瓜以鲜嫩、外表的刺粒未脱落、色泽绿的为好。

保存：黄瓜用保鲜膜封好置于冰箱中，可保存1周左右。

营养黄金组合

黄瓜+西红柿=抗衰老
黄瓜与西红柿同食，具有一定的健美和抗衰老作用。
黄瓜+泥鳅=滋补养颜
黄瓜与泥鳅同食，有滋补养颜的功效。

食用禁忌

黄瓜+菠菜=降低营养价值
黄瓜与菠菜同食，会降低营养价值。
黄瓜+油菜=不利营养吸收
黄瓜与油菜同食，不利于营养吸收。

功效：①排毒瘦身：黄瓜中含有丰富的膳食纤维，它对促进肠蠕动、加快排泄有一定的作用，从而十分有利于减肥。
②降低血糖：黄瓜中所含的葡萄糖苷、果糖等不参与通常的糖代谢，故糖尿病人以黄瓜代替淀粉类食物充饥的话，血糖非但不会升高，反而会有所降低。

材料 黄瓜300克，白糖、凉开水各少许，柠檬50克

黄瓜汁

做法 ①黄瓜洗净，去蒂，稍焯水备用；柠檬洗净后切片。②将黄瓜切碎，与柠檬一起放入榨汁机内加少许水榨成汁。取汁，兑入白糖拌匀即可。

重点提示 选用带刺的嫩黄瓜，味道更鲜美。

黄瓜芹菜蔬菜汁

做法 ①将黄瓜、芹菜洗净。②将洗好的原材料切成纵长形，放入榨汁机中，榨成汁即可。

重点提示 榨汁前先将蔬菜用沸水余烫。

材料 黄瓜1根，芹菜半根

└∠黄瓜蜜饮

(做法) ①将黄瓜洗净，切丝，放入沸水中余烫，备用。②将黄瓜丝、凉开水放入榨汁机中，搅拌成汁，再加入蜂蜜，调拌均匀即可。

(重点提示) 老黄瓜里面有子，不宜选用。

(材料) 黄瓜100克，凉开水150毫升，蜂蜜适量

黄瓜生菜冬瓜汁╲

(做法) ①黄瓜、生菜洗净；冬瓜去皮去子，洗净。将上述材料切成大小适当的块。②将所有材料放入榨汁机一起搅打成汁，滤出果汁即可。

(重点提示) 冬瓜可不去皮。

(材料) 黄瓜1根，冬瓜50克，生菜叶30克，柠檬汁少许，冰水适量

└∠西蓝花黄瓜汁

(做法) ①将生菜、西蓝花分别洗净；黄瓜洗净后切块。②将所有原材料放入榨汁机中，榨出汁即可饮用。

(重点提示) 因为西蓝花汁液不是很丰富，榨汁时可以加点凉开水。

(材料) 生菜200克，西蓝花60克，黄瓜1根

黄瓜莴笋汁╲

(做法) ①黄瓜洗净，切大块；莴笋去皮，切片；梨洗净，切块，去皮去核；菠菜洗净去根。②将上述材料榨成汁，倒入杯中碎冰上即可。

(重点提示) 可加入少许盐一起拌匀。

(材料) 黄瓜半根，莴笋半根，梨1个，新鲜菠菜75克，碎冰适量

扫一扫二维码，下载"掌厨"，出现"掌厨"标志和首页后，点击"搜索"标志，输入食材"南瓜"，会搜索出95种南瓜的做法，并可分别观看视频。

南瓜

选购：要选择个体结实、表皮无破损、无虫蛀的南瓜。

保存：将南瓜置于阴凉通风处，可保存1个月左右。

营养黄金组合

南瓜+猪肉=增加营养
南瓜具有降血糖的作用，猪肉有较好的滋补作用，同时食用对身体更加有益。

南瓜+绿豆=清热解毒
南瓜与绿豆同时食用，可起到清热解毒的作用。

食用禁忌

南瓜+蟹=腹泻、腹痛
南瓜与蟹肉同时食用极易导致腹泻、腹痛。

功效：①降低血糖：南瓜含有丰富的钴，钴是人体胰岛细胞所必需的微量元素。可与氨基酸一起促进胰岛素的分泌，对防治糖尿病、降低血糖有特殊的疗效。
②增强免疫力：南瓜中所含的锌可促进蛋白质合成，与胡萝卜素一起作用可提高机体的免疫能力。

∠南瓜汁

做法 ①将南瓜去皮，用清水洗净后切成大小适中的丝，用水煮熟后捞起沥干。②将所有材料放入榨汁机内，加凉开水，搅打成汁即可。

重点提示 南瓜最好煮熟后再榨汁。

南瓜牛奶↘

做法 ①南瓜洗净，去掉外皮，入锅蒸熟。②将南瓜、牛奶倒入榨汁机搅匀、打碎即可。

重点提示 如果喜欢蔬菜汁稀一点的话，可以加入多点牛奶。

材料 南瓜100克，椰奶50毫升，红砂糖10克，凉开水350毫升

材料 南瓜100克，牛奶200毫升

扫一扫二维码，下载"掌厨"，出现"掌厨"标志和首页后，点击"搜索"标志，输入食材"苦瓜"，会搜索出100种苦瓜的做法，并可分别观看视频。

苦瓜

 选购：要选择颜色青翠、新鲜的苦瓜。

保存：苦瓜不宜冷藏，置于阴凉通风处可保存3天左右。

营养黄金组合

苦瓜+洋葱=提高机体的免疫力
洋葱营养丰富，与苦瓜同食可增强人体的免疫功能。

苦瓜+青椒=抗衰老
青椒中的维生素和微量元素有抗氧化的作用，与苦瓜同食，具有延缓衰老的功效。

食用禁忌

苦瓜+茶=伤胃
苦瓜性寒，与茶同食，茶中的茶碱会对胃有伤害。

功效：①开胃消食：苦瓜中的苦瓜苷和苦味素能增进食欲，起到开胃消食的作用。
②防癌抗癌：苦瓜蛋白质成分及大量维生素C能提高机体的免疫功能，使免疫细胞具有杀灭癌细胞的作用。
③降低血糖：苦瓜的新鲜汁液，含有苦瓜苷和类似胰岛素的物质，有降血糖作用，是糖尿病患者的理想食品。

材料 苦瓜50克，柠檬汁少许，姜7克，蜂蜜、凉开水各适量

苦瓜汁

做法 ①苦瓜洗净，去子，切小块备用；姜洗净，去皮，切片。②将苦瓜、柠檬汁和姜倒入榨汁机中，加凉开水搅打成汁。③加蜂蜜调匀，倒入杯中。

重点提示 苦瓜用削皮器削，榨出来的蔬菜汁口感更好。

苦瓜芦笋汁

做法 ①将苦瓜与芦笋分别用清水洗净，切成大小合适的块，放入榨汁机中。②倒入凉开水与蜂蜜，搅匀饮用。

重点提示 苦瓜切开后要去子再榨汁。

材料 苦瓜60克，芦笋80克，蜂蜜少许，凉开水200毫升

扫一扫二维码，下载"掌厨"，出现"掌厨"标志和首页后，点击"搜索"标志，输入食材"芦笋"，会搜索出**38种芦笋的做法**，并可分别观看视频。

芦笋

选购： 要选择肉质洁白、质地细嫩的新鲜芦笋。

保存： 芦笋不宜存放太久，而且应低温避光保存，建议现买现食。

（营养黄金组合）

芦笋+百合=防癌抗癌
芦笋与百合同时食用，可以防癌抗癌。

芦笋+洋葱=提神醒脑
芦笋与洋葱同时食用，具有提神健脑，利尿、润肺的功效。

（食用禁忌）

芦笋+巴豆=引起腹泻
芦笋性凉而巴豆性热，故两者不宜搭配食用，否则会引起腹泻。

功效： ①防癌抗癌：芦笋可以使细胞生长正常化，具有防止癌细胞扩散的功能。

②开胃消食：芦笋有鲜美芳香的风味，膳食纤维柔软可口，能增进食欲，帮助消化。

③增强免疫力：芦笋含有人体所必需的各种氨基酸，含量比例恰当，无机盐元素中有较多的硒、钼、镁、锰等微量元素，可以增强人体免疫力。

材料 芦笋300克，西红柿1/2个，鲜奶200毫升，凉开水适量

⌐芦笋西红柿汁

（做法）①将芦笋洗净，切块，放入榨汁机中榨汁，榨好后倒入杯中；西红柿洗净，去皮，切小块备用。
②将西红柿和凉开水放入榨汁机中，搅匀。加入芦笋汁、鲜奶，调匀即可。

（重点提示）芦笋焯熟榨汁。

芦笋洋葱汁⌐

（做法）①将芦笋洗净后切丁，放入开水中焯熟捞起；香菜洗净，切段；洋葱洗净，切丁。②将所有材料倒入榨汁机内，加水，搅打成汁即可。

（重点提示）洋葱不要放过多，以免味道过重。

材料 芦笋50克，香菜10克，洋葱15克，红糖2大匙

白萝卜

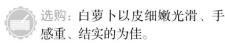

选购：白萝卜以皮细嫩光滑、手感重、结实的为佳。

保存：白萝卜在常温下保存时间较其他蔬菜要长。

营养黄金组合

白萝卜+葱=助消化
白萝卜有止咳化痰的作用，和葱同食有散寒、止咳的功效，还可预防感冒。

白萝卜+紫菜=清肺热
白萝卜与紫菜同食，具有清肺热、治咳嗽的功效。

食用禁忌

白萝卜+木耳=导致皮炎
白萝卜与木耳同食会导致皮炎的发生。

功效：①增强免疫力：白萝卜中富含的维生素C能提高机体免疫力。
②防癌抗癌：白萝卜中含有多种微量元素，可增强机体免疫力，并能抑制癌细胞的生长，对防癌、抗癌有着重要意义。
③排毒瘦身：白萝卜中还有芥子油，能促进胃肠蠕动，帮助机体将有害物质较快排出体外。

白萝卜汁

[做法] ①将白萝卜用清水洗净，去除皮，切成均匀的丝，备用。②将白萝卜、蜂蜜、醋倒入榨汁机中，加凉开水搅打成汁即可饮用。

[重点提示] 醋不要加太多，以免太酸。

[材料] 白萝卜50克，蜂蜜20克，醋适量，凉开水350毫升

白萝卜大蒜汁

[做法] ①大蒜去皮，洗净；白萝卜洗净后去皮，切块；芹菜洗净，切小段备用。②所有材料放入榨汁机中，榨成汁，倒入杯中即可。

[重点提示] 芹菜最好先汆一下水，再榨汁。

[材料] 大蒜1瓣，白萝卜1根，芹菜1根，凉开水少许

扫一扫二维码，下载"掌厨"，出现"掌厨"标志和首页后，点击"搜索"标志，输入食材"油菜"，会搜索出67种油菜的做法，并可分别观看视频。

油菜

营养黄金组合

油菜+豆腐=清肺止咳
油菜与豆腐同食，有清肺止咳、清热解毒的功效。
油菜+蘑菇=促进代谢
油菜与蘑菇同食，能促进肠道代谢，减少脂肪在体内的堆积。

选购：要挑选新鲜、油亮、无黄萎的嫩油菜。

保存：油菜宜置于阴凉通风处保存，不宜放在冰箱里储存。

食用禁忌

油菜+南瓜=维生素C被破坏
油菜与南瓜同食，会使维生素C被破坏，降低其营养。

功效：①排毒瘦身：油菜中的膳食纤维能调理肠道功能，有排毒瘦身的功效。
②防癌抗癌：油菜中富含的胡萝卜素能转变成大量的维生素A，可以有效地预防肺癌的发生。
③降低血脂：油菜为低脂肪蔬菜，且含有膳食纤维，能与胆酸盐和食物中的胆固醇及甘油三酯结合，故可用来降血脂。

材料 油菜50克，紫包菜40克，豆奶200毫升，冰水200毫升

∠ 油菜紫包菜汁

做法 ①将油菜、紫包菜用清水洗净，切成大小合适的块。②将油菜、紫包菜、豆奶、冰水放入榨汁机，一起搅打成汁，滤出果汁即可。

重点提示 油菜和紫包菜最好用水焯一下再榨汁。

油菜芹菜汁 ↘

做法 ①将包菜洗净，切成4~6等份，包入洗净的芹菜，放入榨汁机。②将油菜洗净，放入榨汁机中，再加柠檬汁拌匀即可饮用。

重点提示 各种蔬菜要去掉老的部分，口感更好。

材料 油菜1根，包菜叶2片，芹菜1根，柠檬汁少许

莲藕

🗑 **选购**：要挑选外皮呈黄褐色，肉肥厚而白的莲藕。

⚙ **保存**：用保鲜膜将莲藕包好，放入冰箱冷藏室。

【营养黄金组合】

莲藕+桂圆=补血养颜

莲藕与桂圆均含丰富的铁质，对贫血之人、孕产妇颇为适宜。

莲藕+莲子=补肺益气

莲藕有止血作用，莲子有滋阴除烦的功效，两者同食有补肺益气、除烦止血的作用。

【食用禁忌】

莲藕+菊花=腹泻

莲藕与菊花属于寒性食物，两者同食会引起腹泻。

🍰 **功效**：①补血养颜：莲藕含有丰富的蛋白质、糖、钙、磷、铁和多种维生素，故具有滋补、美容养颜的功效，并可改善缺铁性贫血症状。
②增强免疫力：莲藕富含铁、钙等微量元素，有增强人体免疫力的作用。
③排毒瘦身：莲藕中的植物纤维能刺激肠道，治疗便秘，促进有害物质的排出。

╱ 莲藕汁

[做法] ①将莲藕去皮，洗净；生姜洗净，切块。分别以适当大小切块。②将所有材料放入榨汁机一起搅打成汁，滤出果肉即可饮用。

[重点提示] 若不喜欢吃姜，可以不放。

[材料] 莲藕30克，生姜2克，冰水300毫升，蜂蜜1小勺

土豆莲藕汁 ╲

[做法] ①土豆及莲藕洗净，均去皮煮熟，待凉后切小块。②将上述材料放入榨汁机中，高速搅打40秒即可。

[重点提示] 莲藕要用清水反复地冲洗，以免有泥沙残留在莲藕上。

[材料] 土豆80克，莲藕80克，蜂蜜20毫升，冰块少许

扫一扫二维码，下载"掌厨"，出现"掌厨"标志和首页后，点击"搜索"标志，输入食材"综合蔬菜汁"，会搜索出120种综合蔬菜汁的做法，并可分别观看视频。

综合蔬菜汁

功效

你是否每天都在服用各类保健养生品，以保持良好的状态，而身体健康却亮起了红灯？不如尝试一下时下十分推崇的"绿色疗法"，多食绿色蔬菜，多看绿色风景，让身心融入在大自然的怀抱中吧！

因为综合蔬菜汁就是一项"绿色"举措。它富含蛋白质、维生素和矿物质，除纤维素以外，几乎所有蔬菜原有的营养成分都得以保留，容易被人体吸收，营养价值极高。实验表明，榨好的蔬菜汁如果马上喝掉，人体就可以获得原有蔬菜中95%的营养，并使维生素和矿物质等养分迅速地进入血液，被身体所吸收。而我们在炒菜或凉拌的过程中，高温会对蔬菜的营养造成一定的破坏，咀嚼得不细影响消化，也会减少营养的吸收。

所以，为了拥有健康的体魄，改变不规律的饮食习惯，可以将不同的蔬菜进行合理搭配，从而配制出营养丰富的蔬菜汁。让我们的健康一路绿灯畅行。

╱五色蔬菜汁

做法 ①所有原材料用清水洗干净。②将上述材料用水焯熟后捞起，沥干水分。③将全部材料倒入榨汁机内，加入凉开水一起搅打成汁即可饮用。

重点提示 食材一定要焯至熟透方可榨汁。

营养蔬菜汁╲

做法 ①将包菜、西红柿、海带、鲜香菇和豆腐洗净，切小块；包菜和香菇氽烫熟。②全部材料倒入榨汁机中，加入凉开水搅打成汁，倒入杯中。

重点提示 海带要氽熟后再榨汁。

材料 芹菜、包菜、胡萝卜、土豆各30克，香菇1朵，蜂蜜3匙，凉开水适量

材料 包菜、西红柿、海带、豆腐各30克，鲜香菇1朵，凉开水350毫升

∠小白菜降糖汁

做法 ①将小白菜、西蓝花用清水洗净，切碎。②将所有材料一起放入榨汁机，榨汁。

重点提示 盐只放一点就可以，以免太咸；应当马上喝，不可以存放。

甜椒蔬菜混合汁↘

做法 ①甜椒洗净，去蒂和子；油菜洗净。②芹菜洗净，切段，与油菜、甜椒一起放入榨汁机搅拌，再加柠檬汁拌匀即可。

重点提示 可以放点碎冰一起搅拌，更爽口。

材料 小白菜60克，西蓝花60克，低钠盐少许，凉开水60毫升

材料 甜椒1个，芹菜30克，油菜1棵，柠檬汁少许

∠南瓜豆浆汁

做法 ①南瓜去子，洗净，切块，盖保鲜膜，放入微波炉加热1分半钟，至变软。②南瓜冷却后去皮，与豆浆同入榨汁机中，搅拌后加果糖。

重点提示 若要喝热的，可以用热豆浆一起榨汁。

黄金南瓜豆浆汁↘

做法 ①南瓜削皮，去子，洗净，切片，放进微波炉加热3分钟后取出，放凉备用。②将除蜂蜜外的所有材料榨成汁，倒入杯中，加入蜂蜜调匀即可。

材料 南瓜60克，豆浆3/4杯，果糖适量

重点提示 豆浆要经高温加热煮熟后才能饮用。

材料 南瓜80克，蛋黄1个，豆浆150毫升，蜂蜜少许

扫一扫，直接观看
萝卜莲藕汁的制作视频

└ 山药冬瓜萝卜汁

做法 ① 将山药、白萝卜去皮，冬瓜去皮、子，均洗净后以适当大小切块。② 将所有材料放入榨汁机一起搅打成汁，滤出果汁即可。

重点提示 山药可用水焯一下，可以去除黏液。

冬瓜姜片汁 ┘

做法 ① 将冬瓜洗净，去皮，切成小块。② 将切好的冬瓜放入榨汁机内，加入凉开水、姜片，搅打成汁。③ 加入蜂蜜，搅拌均匀即可。

重点提示 冬瓜要去掉子后再榨汁。

材料 山药80克，白萝卜50克，冬瓜60克，冰水200毫升

材料 冬瓜100克，姜片50克，凉开水300毫升，蜂蜜1大匙

└ 白萝卜姜汁

做法 ① 将白萝卜与姜用清水洗净，去皮后磨碎，用纱布过滤汁液。② 将汁液倒入杯中，加入蜂蜜拌匀即可。

重点提示 白萝卜要去掉根部后再去皮，这样榨汁味道更好。

土豆胡萝卜汁 ┘

做法 ① 土豆去皮切丝，余烫捞起，以冰水浸泡。② 胡萝卜洗净，切块。土豆、胡萝卜、糙米饭与砂糖倒入榨汁机中，加350毫升凉开水搅打成汁。

重点提示 选用紫色的土豆，营养会更佳。

材料 白萝卜半根，姜30克，蜂蜜少许

材料 土豆40克，胡萝卜10克，凉开水350毫升，糙米饭30克，砂糖适量

∠银耳汁

做法 ①银耳以温水泡至软，用水煮滚后再煮30分钟，捞起放凉。山药洗净，去皮，切块；百合洗净，焯烫。②将银耳、山药与百合倒入榨汁机中，加水搅打成汁，加冰块。

重点提示 最好挑选颜色偏黄的银耳。

材料 银耳70克，山药20克，鲜百合20克，冰块少许，凉开水适量

洋葱汁⊿

做法 ①将洋葱洗净，切成细丝；西红柿洗净，切块备用。②将洋葱、西红柿、柠檬汁一起倒入榨汁机内搅打成汁即可。

重点提示 洋葱放水里切。

材料 洋葱70克，西红柿适量，柠檬汁15毫升

∠莴笋汁

做法 ①将莴笋洗净，去皮切细丝。②将莴笋、蜂蜜倒入榨汁机内，加凉开水，搅打成汁即可。

重点提示 搅拌蔬菜汁时，时间不宜过久，否则会产生很多的泡沫，影响口感。

材料 莴笋200克，蜂蜜2汤匙，凉开水300毫升

山药汁⊿

做法 ①山药去皮，洗净备用；枸杞冲洗，备用。②将山药和枸杞倒入榨汁机中榨汁，再加蜂蜜、冰块拌匀即可。

重点提示 山药可以用开水焯一下再搅拌。

材料 山药35克，枸杞30克，蜂蜜、冰块各适量

扫一扫，直接观看
芦荟猕猴桃汁的制作视频

∠百合汁

（做法）①百合洗净，煮熟后以冷水浸泡，沥干；姜洗净切片。②百合、姜、椰奶与冰糖倒入榨汁机中，加凉开水搅打成汁。③倒入杯中加冰块。

（重点提示）姜不要放太多，以免姜味太重。

芦荟汁↘

（做法）①将芦荟用清水洗净，去除外皮及刺。②放入榨汁机中，榨成汁即可饮用。

（重点提示）选用肥厚一点的芦荟，汁液更丰富。

（材料）鲜百合100克，姜15克，椰奶30毫升，冰糖、冰块、凉开水各适量

（材料）鲜芦荟200克

∠包菜汁

（做法）①将包菜用清水洗净。②用榨汁机榨出包菜汁。③在包菜汁内加入适量的水和蜂蜜，拌匀即可饮用。

（重点提示）榨汁时可以加少许冰块一起搅拌。

参须汁↘

（做法）①参须用水洗净。②榨汁机内放入参须、鲜奶和蜂蜜，搅打均匀。③把参须汁倒入杯中，用参须装饰即可。

（材料）包菜200克，水100毫升，蜂蜜1大匙

（重点提示）最好选择香味清淡且新鲜的参须。

（材料）参须200克，鲜奶150毫升，蜂蜜2匙

第四章
蔬果汁

　　蔬菜和水果可提供人体需要的多种维生素和矿物质，每日摄取500克以上的蔬菜、水果才能满足人体对维生素最基本的需求。在蔬菜、水果日摄取量不足500克的情况下，饮用鲜榨蔬果汁是一种很好的补充营养素的方式。低热量、富含维生素及矿物质的蔬果汁，不仅是时尚主妇瘦身美颜的好伙伴，也是全家人健康的"守护神"。

蔬果汁6000例

材料 包菜100克，火龙果120克，凉开水适量

包菜火龙果汁

做法 ① 将火龙果洗净，去皮，切成碎块；包菜洗净，撕成小片。② 将上述材料放入榨汁机中，加凉开水，搅打成汁即可。

重点提示 要选择完整、无虫蛀、无萎蔫的新鲜卷心菜。

材料 包菜300克，橘子1个，柠檬1个，砂糖、冰块各适量

包菜橘子汁

做法 ① 包菜洗净，撕成小块；将橘子剥皮，去掉内膜和子；柠檬洗净，切片备用。② 把准备好的材料倒入榨汁机内榨成汁，再加砂糖、冰块即可。

重点提示 胃肠溃疡患者及出血严重病人，不宜喝。

材料 鳄梨50克，包菜叶1片，牛奶200毫升，蜂蜜1小勺

包菜鳄梨汁

做法 ① 将鳄梨洗净，去皮去子，切块；包菜洗净，切块。② 将所有材料放入榨汁机一起搅打成汁，滤出果汁即可。

重点提示 皮肤瘙痒性疾病患者、眼部充血者忌喝包菜鳄梨汁。

材料 包菜150克，芒果1个，柠檬1个，蜂蜜适量

包菜芒果柠檬汁

做法 ① 将包菜洗净；柠檬洗净，切块；芒果剥去皮，用汤匙挖出果肉，包在包菜叶里。② 将以上材料放进榨汁机榨汁，加蜂蜜即可。

重点提示 秋天喝包菜汁较合适。

∠包菜猕猴桃柠檬汁

[做法] ① 将包菜彻底洗干净，卷成卷；猕猴桃洗净，去皮，切成块；柠檬洗净，切片。② 将所有材料放入榨汁机中榨汁即可。

[重点提示] 猕猴桃先用刷子将茸毛刷净，再用清水冲洗。

包菜蜜瓜柠檬汁↘

[做法] ① 将包菜叶洗净，切成片；黄河蜜瓜洗净，去皮和子，切块；柠檬洗净，切块。② 将包菜、黄河蜜瓜、柠檬放进榨汁机中榨出汁，加蜂蜜调味即可。

[重点提示] 龋齿、糖尿病者不宜多喝此蔬果汁。

[材料] 包菜150克，猕猴桃2个，柠檬1个

[材料] 包菜叶100克，黄河蜜瓜60克，柠檬1个，蜂蜜适量

∠包菜木瓜汁

[做法] ① 包菜洗净，菜叶卷成卷；木瓜洗净削皮，切块；柠檬洗净，切片。② 将包菜、柠檬放入榨汁机榨汁，在果汁中加入木瓜和蜂蜜，搅匀即可。

[重点提示] 将木瓜放入清水中浸泡一下，更易去皮。

包菜苹果汁↘

[做法] ① 包菜洗净，切丝；苹果去核切块。② 柠檬洗净，榨汁备用。③ 将包菜、苹果放入榨汁机中，加入凉开水后榨汁。④ 加入柠檬汁调味即可。

[重点提示] 选购苹果时，以色泽浓艳的为好。

[材料] 包菜120克，木瓜、柠檬、冰块、蜂蜜各少许

[材料] 包菜、苹果各100克，柠檬1个，凉开水500毫升

（材料）包菜120克，葡萄80克，柠檬1个

∠包菜葡萄汁

（做法）①将包菜、葡萄洗净；柠檬洗净后切片。②用包菜叶把葡萄包起来。③将所有的材料放入榨汁机中，榨出汁即可。

（重点提示）将葡萄一粒一粒剪下，放入清水中浸泡，更易清洗。

包菜桃子汁↘

（做法）①将包菜叶洗净，卷成卷；水蜜桃洗净，对切后去掉核；柠檬洗净，切片。②将包菜、水蜜桃、柠檬放进榨汁机，压榨出汁即可。

（重点提示）将桃子放入水中浸泡，可用纱布除毛。

（材料）包菜100克，水蜜桃1个，柠檬1个

（材料）柠檬1个，包菜50克，橘子1个，茼蒿50克

∠包菜茼蒿橘汁

（做法）①柠檬洗净，切片；橘子剥皮，去瓤衣及子；茼蒿、包菜洗净。②将柠檬和橘子放入榨汁机，榨成汁，再把茼蒿折弯，和包菜一起榨成汁。

（重点提示）选择无黄叶、无萎蔫的新鲜茼蒿为好。

包菜西红柿苹果汁↘

（做法）①将苹果洗净，去皮去核，切块。②将包菜洗净，撕片；西红柿洗净，切片。③将所有材料放入榨汁机内，搅打即可。

（重点提示）西红柿在榨汁时，可以把皮去掉后再榨汁。

（材料）包菜300克，西红柿100克，苹果150克，凉开水240毫升

∠包菜香蕉蜂蜜汁

〔做法〕① 将包菜洗净，把菜叶卷成卷；香蕉剥皮后再切成块状。② 将包菜、香蕉放入榨汁机中榨成汁。③ 加入蜂蜜，搅拌均匀即可。

〔重点提示〕应选没有黑斑的香蕉。

包菜苹果草莓桑葚汁↘

〔做法〕① 包菜洗净，叶子撕碎卷成卷；桑葚洗净备用。② 草莓洗净，去蒂，对切备用；苹果洗净，切块。③ 将上述材料放入榨汁机内榨成汁，放入冰块即可。

〔重点提示〕包菜焯一下水再榨汁，味道更佳。

〔材料〕包菜100克，香蕉80克，蜂蜜少许

〔材料〕包菜70克，苹果50克，草莓120克，桑葚60克，冰块适量

∠包菜苹果青梅汁

〔做法〕① 将包菜充分洗净后，撕成小块；青梅洗净，对切；苹果洗净，切成小块；柠檬洗净，切片。② 将准备好的材料放入榨汁机内榨成汁即可。

〔重点提示〕宜选用无虫洞、新鲜的青梅为佳。

包菜猕猴桃汁↘

〔做法〕① 包菜洗净，卷成卷；猕猴桃去皮，切块；柠檬洗净，切片。② 将包菜、猕猴桃、柠檬放入榨汁机中榨汁，然后向果汁中加入少许冰块即可。

〔重点提示〕榨汁时，可将包菜与猕猴桃同时榨汁。

〔材料〕包菜150克，苹果1个，柠檬1个，青梅50克，冰块适量

〔材料〕包菜150克，猕猴桃2个，柠檬、冰块各少许

⊿包菜香蕉汁

做法 ①包菜洗净，卷成卷；香蕉剥皮后再切块。②将包菜放入榨汁机中，用挤压棒压榨出汁。③将果汁倒入榨汁机中，再加蜂蜜、香蕉搅匀即可。

重点提示 选用无黑斑的香蕉，味道更佳。

材料 包菜150克，香蕉1根，蜂蜜适量

菜菜果汁⊿

做法 ①将菠菜洗净，切除根部，其余部分切段。②将圣女果、木瓜洗净，切块备用。③将所有材料放入榨汁机内，高速搅拌均匀即可。

重点提示 要挑选粗壮、叶大、无烂叶的鲜嫩菠菜。

材料 菠菜300克，圣女果100克，木瓜200克

⊿菠菜橘汁

做法 ①菠菜洗净，择去黄叶，切成小段；橘子剥皮，剥成瓣；苹果带皮去核，切成小块。②然后将所有原材料倒入榨汁机内搅打2分钟即可。

重点提示 要选果皮颜色金黄、平整、柔软的橘子。

材料 菠菜200克，橘子1个，苹果20克，蜂蜜、凉开水各适量

菠菜荔枝汁⊿

做法 ①将菠菜洗净，切小段备用。②荔枝去皮及核，放入榨汁机中，加入菠菜和凉开水，打匀成汁，加入冰块即可。

重点提示 荔枝不宜保存，建议现买现榨。

材料 菠菜60克，荔枝10粒，凉开水30毫升，冰块少许

∠菠菜胡萝卜汁

[做法] ①菠菜洗净，去根，切成段；胡萝卜洗净，去皮，切块；包菜洗净，撕成块；西芹洗净，切成段。②将准备好的材料一起榨汁即可。

[重点提示] 选择嫩一点的菠菜榨汁较好。

菠密包菜汁↘

[做法] ①将菠菜洗净，去梗，切成小段；将哈密瓜去皮，去子，切块。②将包菜洗净，切块。③将以上材料放入榨汁机中榨汁，最后加入柠檬汁即可。

[重点提示] 选包菜以菜球紧实的为好。

[材料] 菠菜100克，胡萝卜50克，包菜2片，西芹60克

[材料] 菠菜100克，哈密瓜150克，包菜50克，柠檬汁少许

∠菠菜芹菜汁

[做法] ①菠菜洗净，去根切段；将芹菜、香蕉去皮，均切块；柠檬洗净，榨汁。②将除柠檬以外的材料放入榨汁机中榨成汁，加入柠檬汁，拌匀即可。

[重点提示] 榨汁时不要把芹菜嫩叶扔掉。

菠菜樱桃汁↘

[做法] ①将菠菜洗净，折成小段，氽烫后捞起，冲水；樱桃洗净，对切，去子。②将菠菜、樱桃与蜂蜜倒入榨汁机中，加350毫升凉开水，搅打成汁即可。

[重点提示] 应选颜色鲜艳，有光泽和弹性的樱桃。

[材料] 菠菜300克，芹菜200克，香蕉半根，柠檬1/4个，凉开水适量

[材料] 菠菜40克，樱桃5粒，蜂蜜适量，凉开水350毫升

蔬果汁6000例

胡萝卜红薯汁

做法 ①将胡萝卜洗净，去皮切成块，红薯洗净，去皮切小块，焯煮一下。②将所有材料放入榨汁机，一起搅打成汁即可。

重点提示 选购时，要选外皮完整结实、表皮少皱的胡萝卜。

材料 胡萝卜70克，红薯1个，核桃仁1克，牛奶、蜂蜜、炒过的芝麻各适量

胡萝卜橙子苹果汁

做法 ①将胡萝卜用水洗净，切成小块。②苹果洗净，去核、去皮，切成小块。③把全部材料放入榨汁机内，搅打均匀后倒入杯中即可。

重点提示 宜选散发香味的红苹果。

材料 胡萝卜1根，橙子汁100毫升，苹果1个

胡萝卜木瓜汁

做法 ①将木瓜去皮、去子；苹果洗净，去皮、去核；胡萝卜洗净备用。②将上述材料均以适当大小切块。③将所有材料放入榨汁机一起搅打成汁即可。

重点提示 此蔬果汁加入少许糖，口感更佳。

胡萝卜猕猴桃柠檬汁

做法 ①将胡萝卜洗净，切块；猕猴桃去皮后对切；将柠檬洗净后连皮切成三块。②将柠檬、胡萝卜、猕猴桃放入榨汁机中榨汁，加入优酪乳即可。

材料 胡萝卜50克，木瓜1/4个，苹果1/4个，冰水300毫升

重点提示 柠檬先入水浸泡，再连皮一起榨汁。

材料 胡萝卜80克，猕猴桃1个，柠檬1个，优酪乳适量

胡萝卜猕猴桃果汁

[做法] ① 将胡萝卜洗净，切成块；猕猴桃去皮，对切；柠檬洗净后连皮切成3块。② 将柠檬、胡萝卜、猕猴桃一起放入榨汁机中榨成汁，加冰块即可。

[重点提示] 猕猴桃要选择果实饱满的。

胡萝卜柠檬梨汁

[做法] ① 胡萝卜洗净，去皮，切块；梨子洗净，去掉外皮，去核，切块；柠檬洗净，切片，备用。② 将准备好的材料倒入榨汁机内搅打2分钟即可。

[重点提示] 脾胃虚弱的人不宜喝梨汁。

[材料] 胡萝卜100克，猕猴桃2个，柠檬1个，冰块少许

[材料] 梨子1个，胡萝卜150克，柠檬1个，凉开水250毫升

胡萝卜苹果汁

[做法] ① 胡萝卜洗净，去皮，切块；苹果洗净，去皮，去核，切块；柠檬洗净，切成小片。② 将准备好的材料倒入榨汁机内搅打2分钟即可。

[重点提示] 苹果富含糖类和钾盐，肾炎病患者不宜多食。

胡萝卜葡萄汁

[做法] ① 将胡萝卜洗净，去皮；苹果洗净，去皮去核；葡萄洗净，去子。② 将葡萄、胡萝卜、苹果切块，放入榨汁机与柠檬、冰水一起搅打成汁即可。

[重点提示] 用面粉清洗葡萄，容易洗掉污垢。

[材料] 胡萝卜150克，苹果250克，柠檬1/2个，冰糖2大匙，凉开水250毫升

[材料] 葡萄100克，胡萝卜30克，苹果1/4个，柠檬少许，冰水200毫升

蔬果汁6000例

╱胡萝卜山竹汁

做法 ① 胡萝卜洗净，去皮，切片；山竹洗净，去皮；柠檬洗净，切片。② 将准备好的材料放入榨汁机，加水搅打成汁即可。

重点提示 要选择蒂绿、果软的新鲜山竹，还要检查是否有蚂蚁。

胡萝卜生菜苹果汁╲

做法 ① 将生菜、胡萝卜、苹果洗净，切块备用。② 将所有蔬果放入榨汁机榨汁，加入冰块即可。

重点提示 生菜榨汁前可用手撕成片，不要用刀切，味道更好。

材料 胡萝卜50克，山竹2个，柠檬1个，凉开水适量

材料 结球生菜1/4个，胡萝卜1/6根，苹果1个，冰块少许

╱胡萝卜石榴包菜汁

做法 ① 将胡萝卜洗净，去皮，切条；将包菜洗净，撕片。② 将胡萝卜、石榴、包菜放入榨汁机中搅打成汁，加入蜂蜜、凉开水即可。

重点提示 选购时，以果实饱满、较重的石榴较好。

胡萝卜桃子汁╲

做法 ① 胡萝卜洗净，去皮；桃子洗净，去皮去核；红薯洗净，切块，焯一下水。② 将胡萝卜、桃子以适当大小切块，与其他所有材料一起榨汁即可。

重点提示 桃子要用盐水浸泡，能去掉表面的茸毛。

材料 胡萝卜1根，石榴少许，包菜2片，凉开水适量，蜂蜜少许

材料 桃子1个，胡萝卜50克，红薯50克，牛奶200毫升

胡萝卜西瓜汁

[做法] ① 将西瓜去皮、子；将胡萝卜洗净，切块。② 将西瓜和胡萝卜一起放入榨汁机中，榨成汁。③ 加入蜂蜜与柠檬汁，拌匀即可。

[重点提示] 已切开太久的西瓜最好不要用来榨汁。

[材料] 胡萝卜200克，西瓜150克，蜂蜜、柠檬汁各适量

胡萝卜西芹李子汁

[做法] ① 胡萝卜洗净后去皮，香蕉去皮，李子洗净，去核，西芹摘去叶子，上述材料均切块。② 将所有材料放入榨汁机一起搅打成汁，滤出果汁。

[重点提示] 将西芹先放沸水中焯烫，榨汁颜色好。

[材料] 胡萝卜70克，西芹10克，李子3个，香蕉1根，冰水200毫升

胡萝卜西瓜优酪乳

[做法] ① 将胡萝卜洗净后去皮；西瓜去皮，切块；柠檬洗净，切片。② 将所有的材料倒入榨汁机内，搅拌2分钟，加入冰块即可。

[重点提示] 吃了香肠等含硝酸盐的食物后，一个小时内都不适宜饮用优酪乳。

[材料] 胡萝卜、西瓜各200克，优酪乳120毫升，柠檬1个，冰块少许

胡萝卜柠檬优酪乳

[做法] ① 胡萝卜洗净，去皮，切成小块；柠檬切片。② 将所有的材料倒入榨汁机内搅拌2分钟即可。

[重点提示] 优酪乳要选择经过认证，而且具良好信誉的品牌。

[材料] 胡萝卜200克，优酪乳120毫升，柠檬1个，冰糖少许

116

蔬果汁6000例

材料 胡萝卜100克，菠萝100克，冰块少许

胡萝卜菠萝汁

做法 ①菠萝切除叶子，去皮，切块；胡萝卜切块。②将胡萝卜放入榨汁机榨汁，再放入菠萝榨汁。③将果汁倒入杯中，加少许冰块即可。

重点提示 菠萝切好后要放进苏打水中浸泡。

胡萝卜枇杷苹果汁

做法 ①胡萝卜、苹果洗净切块；枇杷剥皮，去子；柠檬洗净切片。②将胡萝卜、枇杷、苹果、柠檬按次序放入榨汁机榨汁。③加少许冰块即可。

重点提示 要选择颜色金黄、颗粒完整的枇杷。

材料 胡萝卜100克，枇杷3个，苹果1个，柠檬1个，冰块少许

材料 胡萝卜100克，苹果1个，芹菜50克，柠檬1个，冰块少许

胡萝卜苹果芹菜汁

做法 ①胡萝卜、柠檬、苹果洗净去皮，切块；芹菜洗净去根，整理成束，折弯。②将所有原料放入榨汁机榨汁。③向果汁中加入少许冰块。

重点提示 胡萝卜最好切细条，方便榨汁。

胡萝卜香瓜汁

做法 ①胡萝卜洗净切成小块；香瓜洗净去子切小块。②小白菜洗净去黄叶，撕成小块。③将准备好的材料和冰块放入榨汁机内榨成汁即可。

重点提示 凡脾胃虚寒者忌饮香瓜汁。

材料 胡萝卜100克，香瓜100克，小白菜70克，冰块适量

[材料] 西红柿2个，包菜80克，甘蔗汁1杯，柠檬汁少许

∠西红柿包菜柠檬汁

[做法] ① 将西红柿和包菜洗净，切小块备用。② 将西红柿和包菜放入榨汁机，搅打均匀，倒入杯中，再加入柠檬汁和甘蔗汁，调匀即可。

[重点提示] 要选择外皮颜色深、秆体粗壮的甘蔗。

西红柿包菜芹菜汁↘

[做法] ① 西红柿洗净去皮；苹果洗净，去核；包菜、芹菜均洗净。② 将以上材料和柠檬切块，放入榨汁机一起搅打成汁，滤出果汁，加入冰水即可。

[重点提示] 要选外观圆滑、透亮而无斑点的西红柿。

[材料] 西红柿80克，包菜60克，芹菜、苹果、冰水、柠檬各适量

[材料] 西红柿200克，包菜100克，甘蔗汁1杯

∠西红柿甘蔗汁

[做法] ① 将西红柿洗干净，切成小块，备用；包菜洗干净，撕成小块，备用。② 将准备好的材料倒入榨汁机内搅打2分钟即可。

[重点提示] 要选择质地坚硬，瓤部呈乳白色，有清香味的新鲜甘蔗。

西红柿胡萝卜汁↘

[做法] ① 将西红柿洗净，切成块；胡萝卜洗净，切成片；橙子剥皮备用。② 将西红柿、胡萝卜、橙子放入榨汁机，榨出汁即可。

[重点提示] 选购质地细腻、脆嫩多汁、表皮光滑的胡萝卜为佳。

[材料] 西红柿70克，胡萝卜80克，橙子1个

扫一扫，直接观看
西红柿葡萄紫甘蓝汁 的制作视频

118

蔬果汁6000例

[材料] 西红柿200克，胡柚1个，柠檬1个，酸奶240毫升，冰糖2大匙

西红柿胡柚酸奶

[做法] ① 将西红柿洗干净，切成大小适合的块；将胡柚去皮，剥掉内膜，切成块，备用；将柠檬洗净，切片。② 将所有材料倒入榨汁机内搅打2分钟即可。

[重点提示] 酸奶不能加热，加热后乳酸菌会被杀死。

西红柿西瓜西芹汁

[做法] ① 西红柿洗净，去皮并切块；西瓜洗净去皮，切片；西芹撕去老皮，洗净并切成小块。② 将所有材料放入榨汁机一起搅打成汁，滤出果汁。

[重点提示] 婚育期男士应少喝芹菜汁。

[材料] 西红柿1个，西芹15克，西瓜1个，苹果醋1大勺，冰水100毫升

[材料] 西红柿200克，马蹄150克，蜂蜜少许

西红柿马蹄汁

[做法] ① 将马蹄洗净，去皮，切碎，榨取汁液。② 将西红柿洗净，切碎，榨取汁液。③ 将马蹄汁、西红柿汁和蜂蜜拌匀即可。

[重点提示] 选用外皮还带泥土的马蹄，榨汁时用清水浸泡一小时，再清洗。

西红柿柠檬牛奶

[做法] ① 将西红柿洗净，切成块备用；柠檬洗净，切片。② 将所有材料放入榨汁机内，搅打成汁即可。

[重点提示] 新鲜的牛奶呈乳白色或稍带微黄色，有新鲜牛乳固有的香味，无异味，呈均匀的流体。

[材料] 西红柿1个，柠檬1个，牛奶200毫升，蜂蜜少许

西红柿苹果优酪乳

[做法] ① 将西红柿洗净，去蒂，切成块。② 将苹果洗净，去皮、核，切成小块备用。③ 将所有材料放入榨汁机内，搅打成汁即可。

[重点提示] 苹果的皮也可以保留。

[材料] 西红柿80克，苹果1个，优酪乳200毫升

西红柿沙田柚汁

[做法] ① 将沙田柚洗净，切开，放入榨汁机中榨汁。② 将西红柿洗净，切块，与沙田柚汁、凉开水放入榨汁机内榨汁。③ 饮前加适量蜂蜜于汁中即可。

[重点提示] 沙田柚成熟的果面应该是略深的橙黄色。

[材料] 沙田柚、西红柿各1个，凉开水200毫升，蜂蜜适量

西红柿柠檬鲜蔬汁

[做法] ① 将西红柿、青椒、西芹、柠檬分别用清水洗净，切好。② 将所有原料放入榨汁机内，一起榨汁即可。

[重点提示] 西红柿用沸水烫一下再去皮。

西红柿甘蔗包菜汁

[做法] ① 将西红柿洗净，切块；包菜洗净，撕成片。② 将准备好的材料倒入榨汁机内，搅打2分钟即可。

[重点提示] 以球体相对完整，没有裂开或损伤的包菜为佳。

[材料] 西红柿150克，西芹50克，青椒1个，柠檬1/3个，矿泉水1/3杯

[材料] 西红柿、包菜各100克，甘蔗汁1杯，冰块少许

∠黄瓜西瓜芹菜汁

做法 ① 将黄瓜洗净，去皮切条；西瓜去皮和子，切成块。② 将芹菜去叶，洗净，切成小段。③ 将所有材料放入榨汁机中，榨成汁即可。

重点提示 用冰冻过的西瓜榨汁更美味。

材料 黄瓜半根，西瓜150克，芹菜20克

黄瓜西芹蔬果汁↘

做法 ① 黄瓜切块；青苹果去心，切块；西芹切块；青椒、苦瓜分别洗净，去子，切块。② 将以上所有材料放入榨汁机中榨成汁，拌入果糖即可。

重点提示 西芹叶子有营养，不要将其丢弃。

材料 黄瓜、苦瓜各1/5条，西芹30克，青苹果1个，青椒1/3个，果糖适量

∠黄瓜柠檬汁

做法 ① 黄瓜洗净，切块，稍焯水备用；柠檬洗净，切片。② 将黄瓜切碎，与柠檬一起放入榨汁机内加少许凉开水榨成汁。③ 取汁，兑入白糖拌匀即可。

重点提示 黄瓜尾部有苦味素，不要将尾部丢弃。

黄瓜活力蔬果汁↘

做法 ① 黄瓜与胡萝卜均洗净，去皮，切小块；将柠檬洗净，切片；橙子洗净，去皮，切成小块。② 将所有原材料搅打成汁。

重点提示 加工前将黄瓜用淡盐水浸泡15~20分钟，味道会更好。

材料 黄瓜300克，白糖少许，柠檬50克，凉开水适量

材料 黄瓜2条，胡萝卜1个，柠檬1/2个，橙子1个，蜂蜜少许

╚╱排毒黄瓜蜜饮

(做法) ① 小黄瓜用清水洗净，切成均匀的丝，入沸水中汆烫，捞出，沥干水分备用。② 将黄瓜丝、凉开水搅匀，加入蜂蜜拌匀即可。

(重点提示) 黄瓜要把子刮掉，味道更佳。

(材料) 小黄瓜150克，凉开水150毫升，蜂蜜少许

小黄瓜苹果汁╲

(做法) ① 小黄瓜洗净，切成丁；苹果洗净，去子，去核，对切后再切成丁。② 将所有材料放入榨汁机内，搅打2分钟即可。

(重点提示) 要选掐下去水分很足的小黄瓜，不要选畸形的。

(材料) 小黄瓜2条，苹果1个，凉开水240毫升

╚╱小黄瓜蜜饮

(做法) ① 小黄瓜洗净切丝；梨洗净去皮去核，切块。② 将黄瓜丝、梨放入榨汁机中搅拌成汁，加蜂蜜拌匀即可。

(重点提示) 可将黄瓜以沸水焯烫，再打成汁饮用。

(材料) 小黄瓜100克，梨100克，蜂蜜适量

莲藕菠萝芒果汁╲

(做法) ① 将菠萝、莲藕洗净后去皮，芒果洗净后去皮去核，均以适当大小切块。② 将所有材料放入榨汁机一起搅打成汁，滤出果肉即可。

(重点提示) 要选择两端节细、身圆而笔直的莲藕。

(材料) 莲藕30克，菠萝50克，芒果70克，柠檬汁少许，冰水300毫升

∠莲藕橙子蔬果汁

做法 ①苹果洗净，去皮去核，切块；橙子洗净，切块；将莲藕洗净，去皮，切小块。②将以上材料与凉开水放入榨汁机中榨成汁，加入蜂蜜即可。

重点提示 用手轻敲莲藕，回声厚实的是佳品。

莲藕木瓜汁↘

做法 ①将莲藕洗净，去皮，木瓜洗净，去皮去子，杏洗净，去皮去核，均以适当大小切块。②将所有材料放入榨汁机一起搅打成汁，滤出果肉即可。

重点提示 由于藕性偏凉，故产妇不宜过早饮用。

材料 莲藕30克，橙子1个，苹果1个，凉开水30毫升，蜂蜜3克

材料 莲藕30克，木瓜1/4个，杏30克，柠檬汁1小勺，冰水300毫升

∠莲藕苹果汁

做法 ①苹果洗净，去皮去核，切块；将橙子洗净，切块；将莲藕洗净，去皮，切小块。②将以上材料与凉开水放入榨汁机中榨成汁，加入蜂蜜。

重点提示 要选择果皮光滑、果实完整的橙子。

莲雾双瓜汁↘

做法 ①将西瓜洗净，去皮，去子，切成小块。②黄瓜、莲雾洗净，切成小块备用。③将西瓜、莲雾、黄瓜倒入榨汁机内，加凉开水搅打均匀即可。

重点提示 莲雾的底部张开越大表示越成熟。

材料 莲藕1/3个，橙子1个，苹果1个，蜂蜜3克，凉开水少许

材料 西瓜100克，莲雾100克，黄瓜25克，凉开水400毫升

∠芦荟果汁

[做法] ① 将芦荟洗净，削皮；油菜洗净；柠檬洗净，切片；胡萝卜洗净，切块。② 将所有材料放入榨汁机榨汁即可。

[重点提示] 芦荟有苦味，榨汁前应去掉绿皮，水煮3~5分钟，即可去掉苦味。

[材料] 芦荟120克，油菜80克，柠檬1个，胡萝卜70克

芦荟龙眼露↘

[做法] ① 龙眼洗净，去壳，取肉；芦荟洗净，去皮。② 龙眼肉放入碗，加沸水闷软。③ 将以上材料一起放入榨汁机中，加入凉开水，快速搅拌即可。

[重点提示] 要选择果肉透明但汁液不溢出的龙眼。

[材料] 龙眼80克，芦荟100克，凉开水300毫升

∠芦荟柠檬汁

[做法] ① 将芦荟、包菜洗净，切适当大小的块；苹果洗净，去皮、去核，切成小块。② 将上述材料放入榨汁机中榨汁。加入柠檬汁，拌匀饮用。

[重点提示] 食用过多柠檬汁会对牙齿造成损伤。

[材料] 芦荟30克，苹果1个，包菜3片，柠檬汁100毫升

芦荟牛奶果汁↘

[做法] ① 芦荟洗净后去皮取肉，与去皮切段的香蕉和去皮去核的水蜜桃一起放入榨汁机中。② 将所有材料一起放入榨汁机中榨汁。

[重点提示] 建议选购盒装、品质有保证的牛奶。

[材料] 芦荟10克，香蕉1/4个，水蜜桃50克，牛奶200毫升，凉开水、蜂蜜各适量

扫一扫，直接观看
冬瓜菠萝汁的制作视频

蔬果汁6000例

∠芦笋菠萝汁

做法 ①将芦笋去根部，菠萝去皮，洗净后均以适当大小切块。②将所有材料放入榨汁机一起搅打成汁，滤出果肉即可。

重点提示 菠萝要放盐水浸泡十几分钟，以去涩味。

芦笋蜜柚汁∖

做法 ①芦笋洗净，切段。②将芹菜洗净后切成段状；苹果洗净后去皮去核，切丁。③将芦笋、芹菜、苹果、葡萄柚榨汁，最后加入蜂蜜调味即可。

重点提示 要选择肉质洁白、质地细嫩的芦笋。

材料 芦笋60克，菠萝100克，牛奶300毫升，炒过的白芝麻1大勺

材料 芦笋100克，芹菜50克，苹果50克，葡萄柚80克，蜂蜜少许

∠芦笋苹果汁

做法 ①将芦笋洗净，切成小块；生菜洗净，撕碎。②将苹果洗净，去皮去子，切成小块。③将上述材料倒入榨汁机内榨成汁，加蜂蜜拌匀即可。

重点提示 芦笋不宜存放太久，而应低温避光保存。

南瓜百合梨子汁∖

做法 ①将干百合泡发洗净，与去子的南瓜块煮熟；梨洗净后去皮去子，以适当大小切块，再与其他材料一起放入榨汁机搅打成汁。②滤出果肉即可。

重点提示 选择老一点的南瓜口感会更好。

材料 芦笋100克，苹果1个，生菜50克，蜂蜜少许

材料 南瓜100克，干百合20克，梨、牛奶、冰水、蜂蜜各适量

南瓜胡萝卜橙子汁

[做法] ①将胡萝卜、柠檬、橙子洗净后去皮，以适当大小切块；南瓜洗净后去子，切块煮熟。②将所有材料放入榨汁机一起搅打成汁，滤出果肉即可。

[重点提示] 要选择个体结实、表皮无破损的南瓜。

[材料] 南瓜100克，胡萝卜50克，橙子1个，柠檬1/8个，冰水200毫升

南瓜橘子汁

[做法] ①南瓜洗净后切块，煮软；橘子去皮，剥除薄膜，备用；胡萝卜洗净削皮后，切成小块。②将所有材料放入榨汁机中搅打，加入鲜奶搅匀即可。

[重点提示] 南瓜榨汁前要仔细检查，溃烂的不可食用。

[材料] 南瓜50克，胡萝卜100克，橘子1个，鲜奶200毫升

南瓜木瓜汁

[做法] ①将木瓜洗净后去皮去子，切块；南瓜洗净后去皮、去子，切块，煮熟。②将所有材料放入榨汁机一起搅打成汁，滤出果肉即可。

[重点提示] 南瓜榨汁前一定要削皮。

南瓜杏仁汁

[做法] ①将南瓜洗净后切丁，入沸水中焯一下。②将所有材料放入榨汁机，一起搅打成汁即可。

[重点提示] 要选择颜色均匀、颗粒完整、不太坚硬的杏仁。

[材料] 木瓜1/4个，柠檬汁1/4个的量，南瓜60克，豆奶、冰水各200毫升

[材料] 南瓜150克，杏仁20克，牛奶200毫升，蜂蜜1小勺

∠南瓜柑橘汁

做法 ①南瓜洗净，入锅煮软后切成小块。②柑橘剥去薄皮；胡萝卜洗净，削皮，切小块。③将准备好的材料和鲜牛奶放入榨汁机内搅打2分钟即可。

重点提示 先将南瓜切好后再蒸，熟得更快。

材料 南瓜100克，胡萝卜150克，柑橘1个，鲜牛奶200毫升

山药苹果汁↘

做法 ①将山药洗净，削皮，切成小段。②将苹果洗净，去皮与核，切小块。③将上述材料放入榨汁机内，倒入优酪乳搅打匀即可。

重点提示 优酪乳用时才从冰箱取出。

材料 新鲜山药200克，苹果200克，优酪乳150毫升

∠山药苹果酸奶

做法 ①将山药洗净，削皮，切成块；苹果洗净，去皮，切成块。②将准备好的材料放入榨汁机内，倒入酸奶、冰糖搅打即可。

重点提示 以没有虫害、切口处有粘手的黏液，而且较重的山药较好。

材料 新鲜山药200克，苹果200克，冰糖少许，酸奶150毫升

山药橘子苹果汁↘

做法 ①将山药、菠萝去皮，橘子去皮去子，苹果去核，洗净后均以适当大小切块。②将所有材料放入榨汁机一起搅打成汁，滤出果肉即可。

重点提示 要选购洁净、无畸形或分枝的山药。

材料 山药、橘子、菠萝、苹果、杏仁、冰水各适量，牛奶200毫升

山药蜜汁

做法 ①山药洗净，去皮，切成段，备用；菠萝去皮，洗净，切块；枸杞冲洗净，备用。②将山药、菠萝和枸杞倒入榨汁机中榨汁，加蜂蜜拌匀即可。

重点提示 山药有收涩作用，大便燥结者不宜饮用。

山药西红柿优酪乳

做法 ①将山药洗净，削皮，切成小段。②将西红柿洗净，切块。③将上述材料放入榨汁机内，加入优酪乳、冰块搅打匀即可。

重点提示 以切口处有粘手的黏液，而且较重的山药较好。

材料 山药35克，菠萝50克，枸杞30克，蜂蜜少许

材料 山药、西红柿各200克，优酪乳、冰块各适量

茼蒿包菜菠萝汁

做法 ①将茼蒿和包菜洗净，切小块；菠萝去皮洗净，切块备用。②将上述材料放入榨汁机中，搅拌均匀，加入柠檬汁调匀即可。

重点提示 茼蒿中的芳香精油遇热易挥发，所以榨汁前茼蒿不宜焯水。

茼蒿菠萝柠檬汁

做法 ①茼蒿洗净，撕成小块；将菠萝和白萝卜削皮后洗净，均切成小块。②将上述材料与凉开水放入榨汁机中榨成汁。③加入柠檬汁和果糖调味即可。

重点提示 食用菠萝前须将菠萝用淡盐水泡20分钟。

材料 茼蒿、包菜、菠萝各100克，柠檬汁少许

材料 茼蒿、菠萝各150克，白萝卜50克，柠檬汁、果糖、凉开水各适量

╱茼蒿葡萄柚汁

做法 ① 将葡萄柚去皮，茼蒿洗净切成小段。② 将材料放入榨汁机中榨成汁即可。

重点提示 高血压患者不宜多喝葡萄柚汁，葡萄柚会导致人体血液中的雌激素水平升高。

莴笋西芹综合蔬果汁╲

做法 ① 将莴笋洗净，切段；西芹洗净，切成段；柠檬洗净，去皮，切成小块。② 将苹果洗净，带皮去核，切块。③ 将所有材料放入榨汁机榨汁即可。

重点提示 莴笋汁不宜多喝，否则会诱发眼疾。

材料 葡萄柚1个，茼蒿30克

材料 莴笋80克，西芹70克，苹果150克，柠檬1个，凉开水240毫升

╱莴笋橘子苹果汁

做法 ① 莴笋洗净，切成小块；生菜洗净，撕碎。② 将苹果、橘子洗净，去皮去子，切成小块。③ 将上述材料倒入榨汁机内榨出汁，加蜂蜜拌匀即可。

重点提示 越红越艳的苹果越好。

莴笋葡萄柚汁╲

做法 ① 莴笋洗净，切段焯烫。② 苹果去皮、去核，切丁；葡萄柚去皮榨汁，取出。③ 将莴笋、苹果放入榨汁机中，加葡萄柚汁后搅匀，加入冰块。

材料 莴笋100克，苹果1个，生菜50克，橘子1个，蜂蜜20克

重点提示 表皮呈深黄色，有香味的是新鲜的葡萄柚。

材料 莴笋100克，苹果50克，葡萄柚90克，冰块少许

↙莴笋苹果汁

[做法] ① 将莴笋洗净，切成小段；柠檬洗净，切片。② 将所有材料放入榨汁机内搅打2分钟即可。

[重点提示] 放入柠檬片后，可用勺子压出汁液，增强柠檬酸味。

[材料] 莴笋80克，苹果150克，柠檬1个，冰糖少许，凉开水240毫升

莴笋蜂蜜汁↘

[做法] ① 莴笋洗净，切细丝；菠萝去皮，洗净，切小块。② 然后将莴笋、菠萝、蜂蜜倒入榨汁机内，加凉开水搅打成汁即可。

[重点提示] 莴笋叶也可以一同榨汁，营养更佳。

[材料] 茎用莴笋200克，菠萝45克，蜂蜜2汤匙，凉开水300毫升

↙西蓝花奶昔

[做法] ① 将西蓝花洗净，切块。② 将苹果洗净，带皮去核切成小块；柠檬洗净，切片。③ 将所有材料倒入榨汁机内，搅打2分钟即可。

[重点提示] 西蓝花以花茎脆嫩、花芽尚未开的为佳。

[材料] 西蓝花150克，苹果150克，柠檬1个，鲜奶240毫升

西蓝花葡萄汁↘

[做法] ① 西蓝菜洗净切块；葡萄洗净，去皮。② 梨子洗净，去皮去心，切块。③ 把以上材料放入榨汁机中打成汁，倒入杯中，加冰块即可。

[重点提示] 花芽黄化、花茎过老的西蓝花不宜选购。

[材料] 西蓝花90克，梨子1个，葡萄200克，冰块适量

◤西蓝花鳄梨葡萄柚汁

(做法) ① 葡萄柚去皮，鳄梨去皮去子，西蓝花瓣成小朵焯水。② 将以上材料以适当大小切块，与其他材料一起放入榨汁机内搅打成汁，滤出果肉留汁。

(重点提示) 西蓝花可用淡盐水浸泡10分钟除花虫。

水果西蓝花汁◥

(做法) ① 将猕猴桃及菠萝去皮，切块；西蓝花洗净，焯水后切小朵备用。② 将全部材料放入榨汁机中榨成汁即可。

(重点提示) 将西蓝花焯水后，应放入凉开水内过凉后再榨汁。

(材料) 西蓝花60克，鳄梨1个，葡萄柚1个，冰水300毫升，低聚糖1大勺

(材料) 猕猴桃1个，西蓝花80克，菠萝50克，凉开水适量

◤芹菜苹果汁

(做法) ① 芹菜洗净，切段。② 苹果洗净，去皮去核，切块；胡萝卜洗净，切块。③ 将所有材料倒入榨汁机内，搅打成汁。

(重点提示) 选购苹果时看苹果身上是否有条纹，条纹越多的品质越好。

芹菜柿子饮◥

(做法) ① 将芹菜去叶，柿子去皮，洗后均以适当大小切块。② 将所有材料放入榨汁机一起搅打成汁，加入冰块即可。

(重点提示) 喝柿子汁时，最好不要空腹饮用，以免形成结石。

(材料) 芹菜80克，苹果50克，胡萝卜60克，蜂蜜少许

(材料) 芹菜85克，柿子50克，柠檬1/4个，酸奶半杯，冰块少许

╱芹菜西红柿饮

[做法] ① 将西红柿洗净，切成小块。② 将芹菜洗净，切成小段；柠檬洗净，切片。③ 将所有材料放入榨汁机内，榨出汁，拌匀即可。

[重点提示] 饮用时可以加入少许白糖拌匀，这样口感会更好。

[材料] 西红柿2个，芹菜100克，柠檬1个

芹菜桃子橙子汁╲

[做法] ① 哈密瓜去皮和瓤，切块；桃子去核，切块；橙子连皮对切为二；芹菜的茎和叶分开切。② 哈密瓜、芹菜、桃子、橙子放入榨汁机，榨成汁。

[重点提示] 西红柿用开水烫一下，更好剥皮。

[材料] 哈密瓜1个，芹菜50克，桃子1个，橙子1个

╱芹菜生菜柠檬汁

[做法] ① 将芹菜洗净，切段；柠檬洗净，切小块；生菜洗净，撕成小片。② 将准备好的材料放入榨汁机内榨出汁，加入蜂蜜拌匀即可。

[重点提示] 将芹菜和生菜用开水焯烫一下再榨汁。

[材料] 芹菜80克，生菜40克，柠檬1个，蜂蜜少许

芹菜胡萝卜汁╲

[做法] ① 将原材料中的胡萝卜、芹菜、苹果分别洗净，切块；橘子去皮。② 将以上材料放入榨汁机与冰水、柠檬汁一起搅打成汁，滤出果肉即可。

[重点提示] 芹菜有降血压作用，故血压偏低者少食。

[材料] 胡萝卜、芹菜各50克，苹果、柠檬汁、橘子、冰水各适量

∠芹菜橘子汁

做法 ①将橘子去皮，红色彩椒去子，芹菜去叶，苹果去核留皮，洗净后均以适当大小切块。②将所有材料放入榨汁机一起搅打成汁，滤出果汁即可。

重点提示 要选择色泽鲜绿、叶柄厚的芹菜。

西芹哈密瓜汁﹨

做法 ①哈密瓜洗净，去皮、子，切块；西芹洗净、切段；西红柿洗净，切薄片。②将做法①里的材料放入榨汁机，加凉开水榨汁，再加入蜂蜜调味。

重点提示 挑选芹菜时，易折断的为嫩芹菜。

材料 红色彩椒1个，芹菜30克，苹果、橘子各1个，冰水200毫升

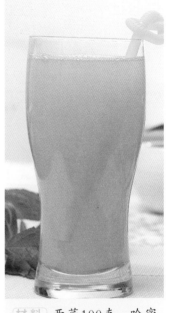

材料 西芹100克，哈密瓜200克，西红柿50克，蜂蜜、凉开水各少许

∠西芹苹果柠檬汁

做法 ①将西芹洗净，切段；苹果洗净，切块；胡萝卜洗净，切成块。②将上述所有材料倒入榨汁机内榨出汁，加入蜂蜜拌匀即可。

重点提示 芹菜的叶子也可以一起放入榨汁。

西芹菠萝牛奶﹨

做法 ①将西芹洗净，摘下叶片备用。②将菠萝去皮，洗净后切成小块。③将所有材料放入榨汁机内，搅打2分钟即可。

重点提示 建议选购盒装、品质有保证的鲜牛奶。

材料 西芹30克，苹果1个，胡萝卜50克，柠檬1/3个，蜂蜜少许

材料 西芹100克，鲜牛奶200毫升，菠萝200克，蜂蜜1大匙

西芹橘子哈密瓜汁

[做法] ①哈密瓜、橘子去皮、子，切块；西芹洗净，切小段；西红柿洗净，切薄片。②将上述所有材料放入榨汁机，加凉开水榨汁，再加入蜂蜜调味。

[重点提示] 便溏者不宜多饮此蔬果汁。

[材料] 西芹、橘子各100克，哈密瓜200克，西红柿50克，蜂蜜、凉开水各少许

西芹苹果汁

[做法] ①将西芹洗干净，切成小段；苹果、柠檬洗干净，切成小块；将胡萝卜洗干净，切成小块。②将上述材料倒入榨汁机内榨出汁，加入蜂蜜拌匀即可。

[重点提示] 苹果削皮后，不宜久放，以免氧化变色。

[材料] 西芹30克，苹果1个，胡萝卜50克，柠檬1/3个，蜂蜜少许

西芹西红柿柠檬汁

[做法] ①西芹洗净，去除坚硬的纤维质，切成小块。②西红柿用水洗净，去蒂，切成四块。③将上述材料放入榨汁机内，加入水和柠檬汁搅打均匀。

[重点提示] 西红柿的蒂部很硬，可以将其切除后再榨汁。

酸甜西芹双萝饮

[做法] ①菠萝洗净去皮，切块；柠檬切片；胡萝卜洗净，切块；西芹洗净，切段。②将除蜂蜜外的所有材料放入榨汁机中榨汁，加入蜂蜜搅匀即可。

[重点提示] 血压偏低者应少喝该汁。

[材料] 西芹1根，西红柿1个，柠檬汁50毫升，水100毫升

[材料] 菠萝120克，柠檬1个，蜂蜜适量，胡萝卜300克，西芹30克

扫一扫，直接观看
苦瓜苹果汁的制作视频

材料 香芹80克，苹果150克，柠檬1个，糖水50毫升

∠香芹苹果汁

做法 ① 将苹果去皮去核，切块；香芹洗净切段；柠檬去皮去子切片，一起用榨汁机榨成汁。② 将汁装入杯中，再加糖水拌匀即可。

重点提示 香芹要切成约12厘米的段，方便榨汁。

冬瓜苹果柠檬汁↘

做法 ① 将冬瓜削皮，去子，洗净后切成小块。② 将苹果洗净后带皮去核，切成小块；柠檬洗净，切片。③ 将所有材料放入榨汁机内，搅打2分钟即可。

重点提示 要选外形完整、无虫蛀的新鲜冬瓜。

材料 冬瓜150克，苹果80克，柠檬30克，凉开水240毫升

材料 冬瓜150克，黄瓜100克，苹果80克，柠檬30克，冰糖少许，凉开水240毫升

∠双瓜苹果汁

做法 ① 冬瓜去皮、去子，切成小块；黄瓜洗净，切成小块；苹果带皮去核，切成小块；柠檬洗净，切片。② 将所有材料放入榨汁机内，搅打2分钟即可。

重点提示 搅打至出泡表明已经榨好。

美白冬瓜蜜饮↘

做法 ① 冬瓜洗净，去皮，切块。② 苹果洗净，去皮，去核，切成小块。③ 将准备好的材料放入榨汁机内，搅打2分钟，加入蜂蜜拌匀即可。

重点提示 冬瓜用干净纸巾盖住切口，利于久存。

材料 冬瓜300克，苹果1个，蜂蜜少许

豆芽柠檬汁

〔做法〕①将豆芽洗净，备用。②将豆芽、凉开水及柠檬汁放入榨汁机中，榨成汁，再加入蜂蜜，调拌均匀即可。

〔重点提示〕用冰冻的柠檬汁，味道更佳。

红薯苹果葡萄汁

〔做法〕①苹果去皮去子，切块；红薯去皮，洗净切块，入沸水中焯煮。②葡萄去子。③将以上材料与蜂蜜放入榨汁机一起搅打成汁，滤出果肉留汁。

〔重点提示〕表皮呈褐色或有黑色斑点的红薯不能吃。

〔材料〕豆芽100克，柠檬汁适量，凉开水300毫升，蜂蜜适量

〔材料〕红薯140克，苹果1/4个，葡萄60克，蜂蜜1勺

红薯叶苹果橙子汁

〔做法〕①将红薯叶洗净；苹果、橙子去皮去核，切成块。②用红薯叶包裹苹果、橙子，放入榨汁机内，加入凉开水，搅打成汁，加冰块即可。

〔重点提示〕要选择叶片完整、无萎蔫的红薯叶。

红薯叶苹果汁

〔做法〕①将红薯叶洗净；苹果去皮去核，切成4~5块。②用红薯叶包裹苹果，放入榨汁机内，加入凉开水，搅打成汁，加蜂蜜调匀即可。

〔重点提示〕榨汁前要将红薯叶浸泡30分钟。

〔材料〕红薯叶50克，苹果、橙子各1/2个，凉开水300克，冰块适量

〔材料〕红薯叶50克，苹果1/4个，凉开水300毫升，蜂蜜适量

油菜菠萝汁

做法 ① 将油菜洗净，切段；菠萝去皮，切块。两者同时放入榨汁机中，榨出汁液。② 加柠檬汁，拌匀饮用。

重点提示 要挑选新鲜、油亮、无黄萎的嫩油菜。

材料 油菜50克，菠萝300克，柠檬汁100毫升

油菜李子汁

做法 ① 将李子去核，油菜洗净，均切小块。② 将李子、油菜放入榨汁机一起搅打成汁，加入冰块即可饮用。

重点提示 肠胃不佳者忌饮。

材料 油菜40克，李子4个，冰块适量

油菜苹果姜汁

做法 ① 油菜洗净，切段，焯烫后捞起，以冰水浸泡，捞出沥干。② 苹果去皮、去核，切块，以盐水浸泡。③ 将油菜、苹果、姜放入榨汁机中，加凉开水搅打成汁，再加蜂蜜。

重点提示 不选有霉的姜。

油菜芹菜苹果汁

做法 ① 将芹菜去叶，橙子去皮，苹果去核，油菜洗净，均切小块。② 将所有材料放入榨汁机一起搅打成汁，滤出果汁即可。

重点提示 苹果先放进冰箱冰冻10分钟，榨出的果汁会更鲜美。

材料 油菜35克，苹果1个，姜1片，蜂蜜5克，凉开水350毫升

材料 油菜40克，芹菜30克，橙子1/2个，苹果1个，冰水150毫升

油菜苹果姜汁

[做法] ①将油菜洗净，切段。②将苹果去皮、核，切块，备用。③将油菜、苹果、姜放入榨汁机中，加入350毫升凉开水搅打成汁，即可。

[重点提示] 油菜的茎榨汁时不可丢弃。

珍珠猕猴桃汁

[做法] ①将胡萝卜、猕猴桃洗净，去皮，切块，放入榨汁机中。②向榨汁机中加凉开水，搅打成汁，再加入适量珍珠粉，拌匀即可。

[重点提示] 猕猴桃要选用软一点的。

[材料] 油菜35克，苹果1个，姜1小片，凉开水350毫升

[材料] 胡萝卜200克，猕猴桃3个，珍珠粉10克，凉开水适量

芝麻菜桃子汁

[做法] ①将桃子与苹果去皮去核，切小块；芝麻菜洗净，切小段。②将所有材料放入榨汁机一起搅打成汁，滤出果肉留汁即可。

[重点提示] 可以加入少许蜂蜜调味，能使蔬果汁口感更佳。

紫包菜梨汁

[做法] ①紫包菜洗净切小块，焯水；梨、冬瓜去皮去核，洗净切小块。②将所有材料放入榨汁机一起搅打成汁，滤出果汁即可。

[重点提示] 肠胃不佳者不宜多饮。

[材料] 桃子1个，芝麻菜20克，苹果1/4个，冰水200毫升

[材料] 紫包菜50克，梨1/2个，冬瓜30克，低脂肪酸奶半杯，冰水200毫升

↙紫包菜南瓜汁

[做法] ①南瓜去子洗净，带皮切成小块；紫包菜洗净瓣成片与南瓜块一起煮熟。②将所有的材料放入榨汁机一起搅打成汁，滤出果汁即可。

[重点提示] 南瓜性温，胃热炽盛者少饮此蔬果汁。

紫苏菠萝酸蜜汁↘

[做法] ①将紫苏洗干净备用；菠萝去外皮，洗干净，切成小块。②将上述材料倒入榨汁机内，加凉开水、梅汁、蜂蜜，搅打成汁即可。

[重点提示] 以全株完整、味甘、种皮微苦的紫苏为佳。

[材料] 南瓜100克，紫包菜60克，牛奶250毫升、炒过的白芝麻、蜂蜜各适量

[材料] 紫苏50克，菠萝30克，梅汁15毫升，蜂蜜2汤匙，凉开水350毫升

↙苦瓜菠萝橘子汁

[做法] ①将苦瓜、橘子洗净，对切后去子，切成小块。②将菠萝去皮，挖出果肉，切成小块。③将所有材料放入榨汁机中榨汁，加入冰块即可。

[重点提示] 苦瓜最好用盐浸泡10分钟，才不会太苦。

苦瓜苹果牛奶↘

[做法] ①将苦瓜洗净，对切，去子后切小块。②将苹果洗净，去皮、核，切小块。③将所有材料放入榨汁机中榨汁。

[重点提示] 要选择颜色青翠、新鲜的苦瓜。

[材料] 苦瓜、菠萝各150克，橘子1/2个，蜂蜜30克，凉开水、冰块各适量

[材料] 苦瓜200克，苹果1个，鲜牛奶120毫升，蜂蜜30克

⌞苦瓜菠萝柠檬汁

[做法] ①苦瓜洗净，对切去子，切小块；菠萝去皮，挖出果肉切小块；柠檬洗净，对切后榨汁。②冰块、苦瓜及其他材料放入榨汁机搅打。

[重点提示] 苦瓜先焯一下再榨汁，味道更佳。

[材料] 苦瓜150克，菠萝150克，柠檬1/2个，凉开水100毫升，冰块100克

白菜柠檬汁⌟

[做法] ①将白菜叶洗净，与柠檬汁、柠檬皮以及凉开水一起放入榨汁机内，搅打成汁。②加入冰块拌匀即可。

[重点提示] 挑选包得紧实、新鲜、无虫害的大白菜为宜。

[材料] 白菜50克，柠檬汁30毫升，柠檬皮少许，凉开水300毫升，冰块10克

⌞白菜苹果汁

[做法] ①将白菜洗净；苹果去皮、去核，切小块备用。②将白菜用手撕成小段，和苹果、凉开水、蜂蜜一起放入榨汁机中榨成汁。

[重点提示] 榨蔬果汁不宜用冰箱里久存的白菜。

[材料] 白菜100克，苹果1/4个，凉开水300毫升，蜂蜜适量

小白菜葡萄柚蔬果汁⌟

[做法] ①将小白菜用清水洗净；葡萄柚去皮，果肉切成小块。②将备好的材料放入榨汁机中，榨成汁即可。

[重点提示] 肠胃不佳者不宜饮用此蔬果汁。

[材料] 小白菜1棵，葡萄柚1/2个

蔬果汁6000例

奶白菜苹果汁

做法 ①将奶白菜洗净；苹果去皮、去核，切小块备用。②将奶白菜用手折小段，和苹果、凉开水一起放入榨汁机中榨成汁。

重点提示 奶白菜以矮肥、叶柄宽厚者为佳。

材料 奶白菜100克，苹果1/4个，凉开水300毫升

甜椒轻盈活力饮

做法 ①苹果削皮，去核后切块；甜椒、西芹、草莓洗净切块。②将所有材料一起放入榨汁机内榨成汁即可。

重点提示 质量好的甜椒表皮有光泽，无破损，无皱缩，形态丰满，无虫蛀。

材料 苹果150克，甜椒1个，草莓60克，西芹3棵，凉开水100毫升

甜椒综合汁

做法 ①红甜椒、黄甜椒及青椒用清水洗净，去蒂、子后切块。②将所有材料放入榨汁机内高速搅打40秒即可。

重点提示 不要选用太辣的辣椒，以免影响口感。

材料 红甜椒、黄甜椒、青椒各70克，凉开水100毫升，冰块60克

萝卜芥菜柠檬汁

做法 ①将柠檬洗净，连皮切块；萝卜去皮，切成小块；芥菜洗净备用。②将柠檬、萝卜、芥菜放入榨汁机中，榨成汁即可。

重点提示 萝卜忌与人参、西洋参同食。

材料 柠檬1个，萝卜70克，芥菜80克

↙白萝卜芥菜西芹汁

做法 ① 将柠檬洗净，连皮切成块；白萝卜切成可放入榨汁机大小的块；芥菜、西芹分别洗净备用。② 将柠檬、白萝卜、芥菜和西芹放入榨汁机榨汁即可。

重点提示 白萝卜叶有营养，榨汁时不要丢掉。

材料 柠檬1个，西芹50克，白萝卜70克，芥菜80克

甘苦汁↘

做法 ① 苦瓜去子，洗净切片；胡萝卜、菠萝去皮切片。② 将已切好的蔬果放入榨汁机中，搅打成汁。③ 将蜂蜜也放入榨汁机中，搅匀即可。

重点提示 苦瓜切好后，用盐水浸泡，可去苦味。

材料 苦瓜100克，胡萝卜200克，菠萝150克，蜂蜜3克

↙土豆莲藕蜜汁

做法 ① 土豆及莲藕洗净，去皮煮熟，待凉后切小块。② 敲碎的冰块、土豆、莲藕、蜂蜜放入榨汁机中，以高速搅打40秒钟即可。

重点提示 应选表皮光滑、个体大小一致的土豆。

材料 土豆80克，莲藕80克，蜂蜜20毫升，冰块少许

毛豆香蕉汁↘

做法 ① 香蕉去皮，切小块；毛豆煮熟并取出豆粒。② 将所有材料放入榨汁机一起搅打成汁，滤出果汁即可。

重点提示 毛豆去皮后用凉开水浸泡10分钟再榨汁，味道更佳。

材料 毛豆50克，香蕉1个，牛奶400毫升，豆粉1大勺，蜂蜜1小勺

142

蔬果汁6000例

（材料）毛豆80克，鲜奶240毫升，橘子150克，冰糖少许

⊿毛豆橘子汁

（做法）① 将毛豆洗净，用水煮熟。橘子剥皮，去内膜，切成小块。② 然后将所有材料倒入榨汁机内搅打2分钟即可。

（重点提示）毛豆加盐一起煮一下再榨汁，味道更佳。

百合香蕉葡萄汁⊿

（做法）① 干百合泡发洗净；香蕉与猕猴桃去皮，均切小块；葡萄洗净去子。② 将所有材料放入榨汁机一起搅打成汁，滤出渣留汁即可。

（重点提示）干百合用温开水浸泡更易泡发。

（材料）干百合20克，香蕉1个，葡萄100克，猕猴桃1个，冰水300毫升

（材料）干百合20克，桃子1/4个，李子2个，牛奶200毫升

⊿干百合桃子汁

（做法）① 将桃子和李子去皮去核，干百合泡发后，入沸水中焯一下。② 将桃子、李子以适当大小切块，并和干百合、牛奶一起放入榨汁机搅打成汁即可。

（重点提示）干百合要用温凉开水泡发，效果更佳。

双果蔬菜酸奶⊿

（做法）① 生菜洗净，撕块；芹菜洗净，切段；西红柿洗净，切块；苹果洗净，去皮、核，切成块。② 将所有准备好的材料倒入榨汁机内搅打成汁即可。

（重点提示）生菜储藏时应远离苹果、梨和香蕉。

（材料）生菜50克，芹菜50克，西红柿1个，苹果1个，酸奶250毫升

∠鲜果鲜菜汁

[做法] ①将香瓜、苹果洗净，去皮，对半切开，去子及核，切块；将芹菜洗净，切小段备用。②将所有材料一起榨成汁。

[重点提示] 选购时要闻一闻香瓜的头部，有香味的香瓜一般比较甜。

苋菜苹果汁◯

[做法] ①将苋菜叶洗净；苹果去皮去核，切成4~5块。②用苋菜叶包裹苹果，放入榨汁机内。③加入凉开水，搅拌成汁，再加蜂蜜调味即可。

[重点提示] 要选择叶无萎蔫的新鲜苋菜。

[材料] 香瓜1个，苹果1/4个，芹菜100克，凉开水300毫升

[材料] 苋菜50克，苹果1/4个，凉开水300毫升，蜂蜜适量

∠香菇葡萄汁

[做法] ①香菇洗净，用凉开水泡发好煮熟备用。②葡萄洗净，与香菇混合放入榨汁机中搅打成汁。③加入蜂蜜拌匀即可。

[重点提示] 特别大的香菇多数是用激素催肥的，建议不要购买。

西红柿葡萄汁◯

[做法] ①将西红柿洗净，切块，备用。②将葡萄洗净，去皮去子与西红柿块混合放入榨汁机中搅打，再加入蜂蜜拌匀即可。

[重点提示] 西红柿也可用热水烫一下后去皮，再榨成汁。

[材料] 干香菇10克，葡萄120克，蜂蜜10毫升

[材料] 西红柿100克，葡萄120克，蜂蜜10克

材料 青苹果1个，西芹3根，橘子2个，冰块少许

⟍ 消脂蔬果汁

做法 ①将青苹果去皮、去核，切块；将西芹洗净后切段；橘子去皮，去子，切块。②将上述材料一起榨汁，加入冰块即可。

重点提示 要选择颜色翠绿的新鲜西芹。

马蹄山药汁⟍

做法 ①将马蹄、山药、菠萝洗净，削去外皮，切小块备用；木瓜去子，挖出果肉备用。②将所有材料一起榨汁，调匀即可。

重点提示 马蹄洗净后去皮，用水煮熟，再榨汁味道更好。

材料 马蹄、山药、木瓜、菠萝、蜂蜜各适量，优酪乳、凉开水各300毫升

材料 洋葱1/2个，苹果1个，芹菜100克，胡萝卜、凉开水、甘蔗汁各适量

⟍ 洋葱果菜汁

做法 ①洋葱去皮，切块；苹果洗净，去皮去核，切块；芹菜洗净，切段；胡萝卜去皮，切块。②将上述材料加凉开水放入榨汁机中榨汁，加甘蔗汁，拌匀。

重点提示 洋葱汁不宜和蜂蜜同食。

活力蔬果汁⟍

做法 ①将小黄瓜与胡萝卜均洗净去皮，切块；柠檬洗净，切片；橙子洗净去皮。②将上述材料一起放入榨汁机榨汁，加入蜂蜜调匀即可。

重点提示 打小黄瓜时间不要过长，以免破坏营养。

材料 小黄瓜2根，胡萝卜1根，柠檬1/2个，橙子1个，蜂蜜适量

芥蓝薄荷汁

[做法] ① 薄荷叶洗净；芥蓝去皮，切块。② 将菠萝削皮，切小块；柠檬洗净切成片。③ 将上述材料倒入榨汁机内，搅打2分钟。

[重点提示] 以叶色翠绿鲜亮、柔软，薹茎新嫩的芥蓝为佳。

[材料] 芥蓝200克，薄荷叶20克，菠萝80克，柠檬200克

综合果菜汁

[做法] ① 将橙子去皮，切块；将西红柿切块；将芹菜洗净，切段；苦瓜洗净，切片。② 将上述材料与凉开水一起榨汁。

[重点提示] 苦瓜含有奎宁，会刺激子宫收缩，引起流产，孕妇忌食。

[材料] 芹菜250克，苦瓜200克，橙子1个，西红柿1个，凉开水少许

柠檬菠萝果菜汁

[做法] ① 将柠檬洗净，连皮切成3块；西芹洗净切段；菠萝切块。② 将柠檬、菠萝及西芹放入榨汁机榨汁。③ 将果菜汁倒入杯中即可。

[重点提示] 要选择饱满、颜色均匀、闻起来有清香的菠萝。

[材料] 柠檬1/2个，西芹50克，菠萝100克

柠檬茭白果汁

[做法] ① 柠檬洗净，连皮切成3块；茭白洗净；香瓜去皮、子，切小块；猕猴桃削皮后对切。② 将柠檬、猕猴桃、茭白、香瓜放入榨汁机榨汁，再加冰块。

[重点提示] 茭白在榨汁前要先用水焯一下，除草酸。

[材料] 柠檬1/2个，茭白1个，香瓜60克，猕猴桃1个，冰块少许

扫一扫，直接观看
冰糖柠檬薄荷饮的制作视频

柠檬芥菜橘子汁

（做法）① 将柠檬连皮切成块；橘子去皮去子，备用；芥菜洗净。② 将冰块放入榨汁机中，再将柠檬、橘子、芥菜放入榨汁机榨汁即可。

（重点提示）要选叶子脆嫩、纤维较少的新鲜芥菜。

（材料）柠檬1个，芥菜100克，橘子1个，冰块少许

柠檬芥菜蜜柑汁

（做法）① 将柠檬连皮切成3块；蜜柑剥皮后去子；芥菜叶洗净，备用。② 将蜜柑用芥菜叶包裹起来，与柠檬一起放入榨汁机内，榨成汁即可。

（重点提示）患有痔疮、痔疮便血的患者不宜喝。

（材料）柠檬1个，芥菜80克，蜜柑1个

柠檬芦荟芹菜汁

（做法）① 柠檬去皮切片；芹菜择洗干净，切段；芦荟刮去外皮，洗净。② 将柠檬、芹菜、芦荟一起放入榨汁机中，榨成鲜汁，再加入蜂蜜，搅匀即可。

（重点提示）体质虚弱者和少年、儿童不要过量饮用。

（材料）柠檬1个，芹菜100克，芦荟100克，蜂蜜适量

柠檬牛蒡柚汁

（做法）① 将柠檬连皮切成块；牛蒡洗净，切块；柚子除去果瓤备用。② 将柠檬、柚子和牛蒡放进榨汁机，榨成汁，加入冰块即可。

（重点提示）过老的牛蒡很多为空心，不能作为榨汁的食材。

（材料）柠檬1个，牛蒡100克，柚子100克，冰块少许

⌐柠檬葡萄梨子牛蒡汁

做法 ① 柠檬洗净，切块；葡萄洗净；梨子去皮，去核，切块；牛蒡洗净，切条。② 将柠檬、葡萄、梨子、牛蒡放入榨汁机，榨成汁，再加冰块。

重点提示 梨煮熟再榨汁，味道更好。

柠檬芹菜香瓜汁⌐

做法 ① 柠檬洗净切片；香瓜去皮去子，切块；芹菜洗净。② 将芹菜整理成束，放入榨汁机，再将香瓜、柠檬一起榨汁，最后加入冰块、砂糖即可。

重点提示 香瓜洗净，连皮一起榨汁，味道更佳。

材料 柠檬1/2个，葡萄100克，梨子1个，牛蒡60克，冰块少许

材料 柠檬1个，芹菜30克，香瓜80克，冰块、砂糖各少许

⌐柠檬芹菜汁

做法 ① 柠檬洗净后连皮切3块；芹菜和油菜也切成易于放入榨汁机的大小。② 将柠檬放入榨汁机榨汁，再将芹菜、油菜榨汁。③ 将果汁混匀，再加冰块。

重点提示 胃溃疡患者慎喝柠檬汁。

柠檬橘子生菜汁⌐

做法 ① 柠檬、橘子洗净，去皮切块；生菜洗净，切段。② 将柠檬、橘子放入榨汁机榨汁，取出备用；再将生菜榨成汁，再混合均匀即可。

重点提示 生菜以圆形状、叶子柔嫩的为佳。

材料 柠檬1个，芹菜100克，油菜80克，冰块少许

材料 柠檬、橘子各1个，生菜100克

∠柠檬笋果芭蕉汁

做法 ① 柠檬切块；莴笋洗净，切块；芒果和芭蕉切成块状。② 将柠檬、莴笋、芒果、芭蕉，榨汁搅拌，加冰块即可。

重点提示 选用果皮呈灰黄色、无梅花点、果肉呈乳白色的芭蕉较佳。

柠檬莴笋芒果饮↘

做法 ① 莴笋、芒果洗净，切块；柠檬切块。② 将柠檬和莴笋榨汁，再加入芒果，搅拌均匀，再加少许冰块即可。

重点提示 应选表皮光滑、平整、颜色均匀的芒果。

材料 柠檬1个，莴笋50克，芒果1个，芭蕉1个，冰块少许

材料 柠檬1个，莴笋50克，芒果1个，冰块少许

∠柠檬西蓝花橘汁

做法 ① 柠檬切块，西蓝花切块；橘子除去皮及子备用；将敲碎的冰块放入榨汁机内。② 将柠檬和橘子、西蓝花放进榨汁机榨成汁即可。

重点提示 优质的西蓝花清洁、坚实、紧密。

柠檬西芹橘子汁↘

做法 ① 西芹洗净；橘子去除瓤、子；西芹折弯曲后包裹橘子果肉；柠檬切片。② 西芹包裹着橘子，与柠檬一起放入榨汁机里榨汁，再加冰块即可。

重点提示 最好不要空腹喝橘子汁。

材料 柠檬1个，西蓝花100克，橘子1个，冰块少许

材料 柠檬1个，西芹30克，橘子1个，冰块少许

柠檬西芹柚汁

[做法] ① 柠檬洗净，切块；柚子去子；西芹洗净备用。② 将冰块放进榨汁机容器里。③ 将柠檬、柚子、西芹放入榨汁机，榨成汁即可。

[重点提示] 脾虚泄泻的人喝柚子汁易泻肚。

柠檬小白菜汁

[做法] ① 将柠檬洗净，切块；胡萝卜洗净，切成细长条；小白菜洗净，摘去黄叶；苹果洗净，去核切成小块。② 将所有材料放入榨汁机中，榨成汁即可。

[重点提示] 小白菜榨汁前应先焯水，味道更佳。

[材料] 柠檬1个，西芹80克，柚子1/2个，冰块（刨冰）少许

[材料] 柠檬1个，小白菜1棵，胡萝卜50克，苹果1/2个

柠檬蒲公英汁

[做法] ① 柠檬洗净切片；蒲公英叶子洗净；葡萄柚剥皮，去果瓤。② 将柠檬、蒲公英、葡萄柚依次放入榨汁机榨成汁，加入冰块搅匀即可。

[重点提示] 蒲公英放进沸水中焯一下，味道更佳。

柠檬生菜芦笋汁

[做法] ① 将柠檬洗净，连皮切成3块；芦笋洗净切条；生菜剥开洗净。② 将所有原料榨成汁。③ 依个人喜好调味即可。

[重点提示] 生菜老叶要事先去掉。

[材料] 柠檬1个，蒲公英50克，葡萄柚60克，冰块少许

[材料] 柠檬1个，芦笋50克，生菜100克

扫一扫，直接观看
甜橘草莓饮的制作视频

材料 柠檬1个，芥菜80克，蜜柑1个，冰块少许

柠檬芥菜蜜柑汁

做法 ①柠檬洗净，连皮切3块；蜜柑剥皮去子；芥菜叶洗净备用。②冰块放进榨汁机里，柠檬入榨汁机内。③蜜柑用芥菜包裹起来入榨汁机榨汁即可。

重点提示 选用刨冰榨制果汁为宜。

柠檬油菜橘子汁

做法 ①柠檬洗净，连皮切3块；橘子剥皮；油菜洗净。②柠檬和橘子榨成汁，把油菜折弯曲，放进榨汁机用挤压棒压榨成汁，加冰块、盐调味。

重点提示 油菜要用清水浸泡两小时。

材料 柠檬1个，油菜70克，橘子1个，冰块、盐各少许

材料 柠檬1个，蒲公英50克，葡萄柚60克，冰块少许

柠檬蒲公英葡萄柚汁

做法 ①柠檬切片；蒲公英叶子洗净；葡萄柚剥皮去除果瓤。②冰块放进榨汁机容器里。③柠檬入榨汁机榨成汁，葡萄柚和蒲公英也依同样方法榨汁，搅匀。

重点提示 选用野生的蒲公英嫩叶为佳。

柠檬油菜草莓汁

做法 ①将柠檬洗净后连皮切成3块，草莓去蒂，油菜的茎和叶切开。②把油菜放入榨汁机榨成汁，柠檬和草莓也一样挤压成汁。③向蔬果汁中加冰块。

重点提示 选购全株完整、新鲜的油菜榨汁更佳。

材料 柠檬1个，油菜100克，草莓50克，冰块少许

柠檬紫苏汁

[做法] ① 柠檬洗净，连皮切成3块；紫苏洗净；去除葡萄柚的种子。② 柠檬榨汁，葡萄柚用紫苏叶包裹再放入榨汁机榨汁。③ 加盐、冰块即可。

[重点提示] 紫苏叶要重叠后卷成卷，榨汁效果更好。

[材料] 柠檬1个，紫苏40克，葡萄柚70克，盐、冰块各少许

柠檬青菜汁

[做法] ① 柠檬洗净后连皮切成3块；生菜和青菜叶也切块。② 柠檬放入榨汁机里榨成汁，再将生菜、青菜榨成汁。③ 果汁混合均匀，再加冰块。

[重点提示] 混合蔬果汁时，也可依喜好加入盐。

[材料] 柠檬1个，生菜100克，青菜80克，冰块少许

柠檬青椒白萝卜汁

[做法] ① 柠檬、青椒和白萝卜洗净切块；柚子剥开去果瓤。② 柠檬和柚子榨汁，将青椒和白萝卜顺序交错地放榨汁机里榨汁。③ 蔬果汁混合，再加冰块。

[重点提示] 可以把柚子肉塞进青椒里榨汁。

[材料] 柠檬1个，青椒50克，白萝卜50克，柚子65克，冰块少许

酸甜柠檬浆

[做法] ① 将柠檬洗净，横切后放入榨汁机中榨成汁。② 将豆浆和蜂蜜倒入榨汁机中搅拌，再放入玻璃杯中，然后加入少许冰块及柠檬汁，混合均匀即可。

[重点提示] 榨汁机凸起的部分要放在柠檬的周边。

[材料] 柠檬1个，蜂蜜适量，豆浆180毫升，冰块少许

蔬果汁6000例

↙苹果菠菜柠檬汁

[做法] ① 苹果洗净，去核，切块；柠檬切块；菠菜洗净备用。② 将柠檬、苹果、菠菜一起榨成汁。③ 向果汁中加入少许冰块即可。

[重点提示] 选购菠菜时，要挑选无虫害的鲜嫩菠菜。

苹果菠萝老姜汁↘

[做法] ① 将苹果洗净，去核，切块；菠萝去皮，切小块；将老姜去皮，榨汁备用。② 将苹果块和菠萝块放入榨汁机中，榨成汁，放入老姜汁，调匀即可。

[重点提示] 可用手指弹击菠萝，回声重的品质较佳。

[材料] 苹果1个，菠菜150克，柠檬1个，冰块少许

[材料] 苹果1个，菠萝1/3个，老姜30克

↙苹果草莓胡萝卜汁

[做法] ① 苹果去皮、核，切块；草莓洗净，去蒂，切块。② 胡萝卜切块；柠檬洗净，取压汁。③ 将除冰块外的材料放入榨汁机内搅打，加冰块即可。

[重点提示] 洗草莓前先浸泡30分钟。

苹果冬瓜柠檬汁↘

[做法] ① 苹果洗净，去核，切块；冬瓜去皮、去子，切块；柠檬切块。② 将柠檬、苹果和冬瓜放入榨汁机中榨成汁，加入冰块即可。

[重点提示] 苹果连皮一起榨汁，味道更好。

[材料] 苹果1个，草莓2颗，胡萝卜50克，柠檬1个，凉开水60毫升，冰块少许

[材料] 苹果1个，柠檬1/2个，冬瓜70克，冰块少许

⌐苹果红薯蔬果汁

[做法] ① 红薯削皮，切块，用微波炉加热后冷却。② 将苹果去皮和核，切成小片；橙子去皮，切成小块。③ 将所有的材料放入榨汁机中，榨成汁。

[重点提示] 表皮呈褐色或有黑色斑点的红薯不能用。

苹果胡萝卜柠檬饮﹂

[做法] ① 将苹果、胡萝卜和柠檬分别洗净，去皮，切成小块。② 将上述材料放入榨汁机中，再加入200毫升凉开水，打碎搅匀即可。

[重点提示] 榨好的蔬果汁放入冰箱冷藏一会，口味更佳。

[材料] 苹果1/4个，红薯50克，橙子1个

[材料] 苹果1个，胡萝卜50克，柠檬1/3个，凉开水200毫升

⌐苹果黄瓜柠檬汁

[做法] ① 将苹果洗净，去核，切成块；黄瓜洗净，切段；柠檬连皮切成三块。② 把苹果、黄瓜、柠檬放入榨汁机中，榨出汁即可。

[重点提示] 脾胃虚弱、腹痛腹泻者应少吃黄瓜。

苹果芥蓝汁﹂

[做法] ① 将苹果洗净，去皮去核，切小块；将芥蓝洗净，切段；柠檬切片备用。② 将苹果、芥蓝、柠檬一起放入榨汁机中，榨出汁即可。

[重点提示] 榨汁时加少许糖，可减少苦涩味。

[材料] 苹果1个，黄瓜100克，柠檬1个

[材料] 苹果1个，芥蓝120克，柠檬1个

∠苹果橘子油菜汁

〔做法〕①将油菜洗净，橘子、菠萝去皮；苹果去皮去核，均以适当大小切块。②将所有材料放入榨汁机一起搅打成汁，滤出果汁即可。

〔重点提示〕胃肠、肾、肺功能虚寒的老人不可多喝。

苹果苦瓜鲜奶汁↘

〔做法〕①将苹果洗净，去皮去核，并切成块；苦瓜洗净，去子，切块备用。②将所有材料放入榨汁机中榨汁。

〔重点提示〕苦瓜含奎宁，会刺激子宫收缩，引起流产，孕妇要慎食苦瓜汁。

〔材料〕苹果1个，橘子1个，油菜50克，菠萝50克，冰水200毫升

〔材料〕苹果1个，苦瓜50克，鲜奶100毫升，蜂蜜、柠檬汁各少许

∠苹果茼蒿蔬果汁

〔做法〕①将苹果去皮去核，切成片；将茼蒿洗净，切成段。②将苹果、茼蒿和柠檬汁、凉开水一起放入榨汁机中，榨成汁即可。

〔重点提示〕茼蒿汁辛香滑利，胃虚泄泻者不宜多食。

苹果莴笋柠檬汁↘

〔做法〕①苹果洗净，去皮，去核，去子，切小块；莴笋洗净，切片；柠檬洗净，切片。②将冰块、苹果、莴笋及其他材料放入榨汁机中，以高速搅打40秒钟即可。

〔重点提示〕重的苹果较脆，水分及口感都更佳。

〔材料〕苹果1/4个，茼蒿30克，柠檬汁少许，凉开水300毫升

〔材料〕苹果、柠檬各1个，莴笋150克，蜂蜜、凉开水、冰块各适量

苹果芜菁柠檬汁

(做法) ①将苹果洗净，切块；柠檬切成块；芜菁洗净，切除叶子。②将柠檬放进榨汁机，榨汁。③将苹果和芜菁也放入榨汁机榨成汁即可。

(重点提示) 要选择体形膨大肥硕、无裂缝的芜菁。

(材料) 苹果1个，芜菁100克，柠檬1个，冰块少许

苹果西红柿双菜优酪乳 ◥

(做法) ①生菜洗净，撕片；芹菜洗净，切段。②西红柿洗净，切块；苹果洗净，去皮、核，切块。③将所有材料倒入榨汁机内，搅打成汁即可。

(重点提示) 应挑选色绿、棵大、茎短的鲜嫩生菜。

(材料) 生菜50克，芹菜50克，西红柿1个，苹果1个，优酪乳250毫升

苹果西芹芦笋汁

(做法) ①苹果去皮，去核后切成小块。②将西芹、芦笋洗净后切块。③将上述准备好的材料一起放入榨汁机内榨成汁即可。

(重点提示) 芦笋不宜存放太久，而且应低温避光保存，建议现买现食。

苹果草莓胡萝卜冰饮 ◥

(做法) ①苹果洗净，去皮，去核，切块；草莓洗净，去蒂，切块。②胡萝卜洗净，切块。③将除碎冰外的其他材料入榨汁机内搅打30秒，加冰块即可。

(重点提示) 草莓不能用冰箱存太久，最好即买即食。

(材料) 苹果1个，西芹50克，芦笋50克，凉开水100毫升

(材料) 苹果1个，草莓2颗，胡萝卜50克，凉开水60毫升，冰块60克

（材料）苹果1个，芹菜100克，柠檬1个，青梅80克，凉开水适量

苹果芹菜柠檬青梅汁

（做法）① 苹果洗净，切块；青梅洗净，对切。② 将芹菜洗净，切成小段；柠檬洗净，对切，备用。③ 将所有材料放入榨汁机内加凉开水榨成汁即可。

（重点提示）芹菜切成细段，更好榨汁。

苹果石榴汁

（做法）① 石榴去皮，取出果实；苹果洗净，去核，切块。② 将苹果、石榴顺序交错地放进榨汁机榨汁，最后加入少许柠檬汁，向果汁中加入冰块即可。

（重点提示）以果实饱满、重量较重的石榴较好。

（材料）苹果1个，石榴1个，柠檬汁、冰块各少许

（材料）苹果1个，黄皮200克，西红柿1个，蜂蜜适量

黄皮苹果西红柿汁

（做法）① 将苹果去皮、核；黄皮去皮、子；将西红柿洗净，切块。② 将以上材料榨成汁，加入蜂蜜搅匀。

（重点提示）苹果富含糖类和钾盐，冠心病、有心肌梗死病史的患者不宜多吃。

青苹果白菜汁

（做法）① 青苹果洗净，切块；大白菜叶洗净卷成卷；柠檬连皮切成3块。② 柠檬、大白菜、青苹果顺序交错地入榨汁机榨汁。③ 果菜汁入杯，加冰块。

（重点提示）青苹果和其他蔬果用塑料袋包后放入冰箱可存10天。

（材料）青苹果1个，大白菜100克，柠檬1个，冰块少许

葡萄菠菜汁

（做法）① 将葡萄洗净，去皮去核；菠菜、西芹洗净后切成段。② 将以上材料加凉开水一起榨汁，再加梅汁搅拌均匀即可。

（重点提示）葡萄用沸水烫一下，可分解葡萄皮上的农药。

（材料）葡萄15颗，菠菜100克，西芹60克，凉开水400毫升，梅汁10毫升

葡萄菠萝猕猴桃汁

（做法）① 葡萄去皮，去子；猕猴桃去皮，切成块；菠萝去皮，用盐水浸泡后切块。② 所有材料放入榨汁机，搅打成汁即可。

（重点提示）还未成熟的猕猴桃可以和苹果放在一起，可催熟。

（材料）葡萄120克，菠萝100克，猕猴桃1个

葡萄冬瓜猕猴桃汁

（做法）① 冬瓜去皮和子，切块；猕猴桃削皮，切块；葡萄洗净，去皮去子；柠檬切片。② 将葡萄、冬瓜、猕猴桃、柠檬放入榨汁机榨汁。

（重点提示）猕猴桃性寒，不宜多食。

（材料）葡萄150克，冬瓜80克，猕猴桃、柠檬各1个

葡萄冬瓜香蕉汁

（做法）① 葡萄洗净，去皮去子；冬瓜去皮和子，切块；香蕉剥皮，切块；柠檬切片。② 用榨汁机将葡萄和冬瓜榨汁。③ 将香蕉、柠檬放入榨汁机中，搅匀即可。

（重点提示）泄泻者慎喝。

（材料）葡萄150克，冬瓜50克，香蕉1根，柠檬1个

158

蔬果汁6000例

∠葡萄西蓝花白梨汁

做法 ①葡萄洗净，去皮；西蓝花洗净，切块；白梨洗净，去核，切块。②葡萄、西蓝花、白梨入榨汁机榨汁。③然后加入少许柠檬汁和冰块搅匀即可。

重点提示 葡萄去掉子，味道更佳。

葡萄芦笋苹果汁↘

做法 ①将葡萄洗净，剥皮，去子；将柠檬切片；苹果去皮和核，切块；芦笋洗净，切段。②将苹果、葡萄、芦笋、柠檬放入榨汁机中，榨汁即可。

重点提示 芦笋不宜存放太久，而且应低温避光。

材料 葡萄150克，西蓝花50克，白梨1个，冰块、柠檬汁各少许

材料 葡萄150克，芦笋100克，苹果1个，柠檬1/2个

∠葡萄萝卜梨汁

做法 ①葡萄去皮和子；贡梨洗净，去核，切块。②将萝卜洗净，切块。③将所有原材料放入榨汁机内，榨出汁即可。

重点提示 萝卜榨汁前最好不要削皮，营养更丰富。

葡萄芋茎梨子汁↘

做法 ①葡萄洗净；芋茎切段；梨子去皮、果核后切块；柠檬切片。②在榨汁机容器中，放入少许冰块。③将材料交错地放入榨汁机，用挤压棒压汁。

重点提示 芋茎要用盐水浸泡，以避免喝后喉咙发痒。

材料 葡萄120克，萝卜200克，贡梨1个

材料 葡萄150克，芋茎50克，梨子1个，柠檬1个，冰块少许

葡萄芝麻汁

做法 ① 将红葡萄洗干净，备用；将苹果洗干净，去掉皮，去核，切成小块。② 将所有材料放入榨汁机内搅打成汁即可。

重点提示 芝麻炒熟之后再榨汁，味道更香。

材料 红葡萄100克，黑芝麻1大匙，苹果1个，酸奶200毫升

葡萄青椒果汁

做法 ① 将葡萄去皮去子；猕猴桃去皮，切成小块；青椒洗净，切小块。② 所有材料放入榨汁机，搅打成汁即可。

重点提示 挑选青椒时，新鲜的青椒在轻压下虽然也会变形，但会弹回。

材料 葡萄120克，青椒1个，猕猴桃1个，凉开水适量

葡萄蔬果汁

做法 ① 将胡萝卜用清水洗干净，去掉外皮，切成大小适合的块；将葡萄用清水洗干净，去子备用。② 将所有材料放入榨汁机内搅打成汁即可。

重点提示 要选择新鲜粗大的胡萝卜。

材料 葡萄150克，胡萝卜50克，酸奶200毫升

葡萄芜菁梨子汁

做法 ① 葡萄剥皮去子；芜菁的叶和根切开；梨子去皮、核，切块；柠檬切片。② 葡萄用芜菁菜包裹，放入榨汁机，再将芜菁的根和叶、柠檬、梨子放入，榨汁，加冰块即可。

重点提示 芜菁焯水榨汁。

材料 葡萄150克，芜菁50克，梨子1个，柠檬1个，冰块少许

∠葡萄西红柿菠萝汁

做法 ①葡萄洗净，去皮和子；将西红柿和菠萝洗净，切块；柠檬切片。②将葡萄、西红柿、菠萝、柠檬依次放入榨汁机中榨成汁。

重点提示 西红柿先烫一下再榨汁。

材料 葡萄120克，西红柿1个，菠萝80克，柠檬1个

葡萄柠檬蔬果汁↘

做法 ①将葡萄洗净；胡萝卜洗净，去皮，切成小块备用；柠檬切成片；将葡萄、胡萝卜、柠檬倒入榨汁机内。②加入凉开水，榨成汁，再加冰糖即可。

重点提示 葡萄最好选购果粒饱满结实、颜色深的。

材料 葡萄100克，胡萝卜200克，柠檬1个，冰糖少许，凉开水适量

∠葡萄仙人掌芒果香瓜汁

做法 ①葡萄和仙人掌洗净；香瓜切块；芒果挖出果肉。②冰块放入榨汁机容器内，将葡萄、香瓜压榨成汁，加入芒果搅拌后即可。

重点提示 仙人掌性苦寒，食用过多会导致腹泻。

材料 葡萄120克，仙人掌50克，芒果2个，香瓜300克，冰块少许

葡萄西芹蔬果汁↘

做法 ①将葡萄洗干净，去掉葡萄子；将西芹摘叶洗干净，叶子撕成小块，备用。②将准备好的材料放入榨汁机内搅打成汁即可。

重点提示 榨好的蔬果汁可放入冰箱中存放3~5日。

材料 葡萄50克，西芹60克，酸奶240毫升

⌐ 葡萄柚苹果黄瓜汁

[做法] ① 将葡萄柚去皮；苹果去皮去核，与黄瓜切适当大小的块。② 将所有材料放入榨汁机一起搅打成汁，滤出果肉即可。

[重点提示] 黄瓜放入沸水中烫一下，风味大不一样。

葡萄排毒饮 ⌐

[做法] ① 葡萄去皮和子；贡梨用清水洗净，切块；萝卜洗净，切块。② 将所有原材料放入榨汁机内榨出汁即可饮用。

[重点提示] 榨汁机先用醋水清洗一次。

[材料] 黄瓜、葡萄柚各1个，苹果1/5个，酸奶1/4杯，冰水、低聚糖各适量

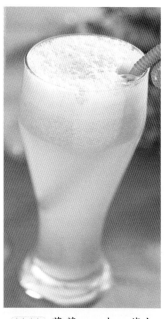

[材料] 葡萄120克，萝卜200克，贡梨1个，冰块少许

⌐ 草莓芦笋猕猴桃汁

[做法] ① 草莓洗净，去蒂；芦笋洗净，切段；猕猴桃去皮，切块。② 将草莓、芦笋、猕猴桃放入榨汁机中，搅打成汁即可。

[重点提示] 买回的猕猴桃可以放一段时间，味道会更好。

草莓萝卜柠檬汁 ⌐

[做法] ① 将草莓洗净，去蒂；菠萝去皮，洗净，切块；将萝卜洗净，根叶切分开；柠檬切成片。② 把草莓、萝卜、菠萝、柠檬放入榨汁机，搅打成汁即可。

[重点提示] 萝卜以皮细嫩光滑，比重大的为佳。

[材料] 草莓60克，芦笋50克，猕猴桃1个

[材料] 草莓60克，萝卜70克，菠萝100克，柠檬1个

蔬果汁6000例

╱草莓白萝卜牛奶汁

(做法) ① 将草莓去蒂，对半切开；将白萝卜去皮，切成小片。② 将所有材料一起放入榨汁机中，搅打成汁即可。

(重点提示) 可以预先将草莓放入冰箱冰凉一下，味道会更好。

草莓芒果芹菜汁╲

(做法) ① 草莓洗净，去蒂；芒果去皮，取果肉；芹菜洗净切段。② 在榨汁机中放入草莓和芹菜榨汁。③ 榨出来的果菜汁和芒果放入搅拌杯中搅拌。

(重点提示) 芒果要选购熟透了的，味道才好。

(材料) 草莓4个，白萝卜50克，牛奶半杯，炼乳10克

(材料) 草莓、芹菜各80克，芒果3个

╱草莓蒲公英汁

(做法) ① 草莓洗净，去蒂；猕猴桃剥皮后对切；柠檬切成3块；蒲公英洗净。② 草莓、蒲公英、猕猴桃和柠檬放入榨汁机榨汁，再加入少许冰块。

(重点提示) 蒲公英先放入沸水中烫一下，榨汁味道更好。

草莓芹菜汁╲

(做法) ① 将草莓用清水洗净，去蒂；芹菜洗净，切小段备用。② 在榨汁机中放入草莓、芹菜一起榨汁即可。

(重点提示) 肠胃虚寒者，不宜多饮。

(材料) 草莓100克，蒲公英50克，猕猴桃2个，柠檬1个，冰块少许

(材料) 草莓、芹菜各80克

草莓蔬果汁

[做法] ①草莓洗净去蒂；黄瓜洗净，切段。②将草莓和黄瓜放入榨汁机榨汁即可。

[重点提示] 太浓的蔬果汁最好加入适量的水稀释后再饮用。

[材料] 草莓80克，黄瓜80克

草莓西芹哈密瓜汁

[做法] ①将草莓洗净，去蒂；将哈密瓜去皮、子，切成块；将西芹洗净，切段。②将所有材料放入榨汁机内，榨成汁即可。

[重点提示] 哈密瓜顶尖的果肉有苦涩味，不适宜用来榨汁。

[材料] 草莓5个，西芹50克，哈密瓜100克

草莓香瓜椰菜汁

[做法] ①草莓去蒂；香瓜削皮，切块；花椰菜切块；柠檬切片。②将草莓和香瓜入榨汁机榨汁，放花椰菜榨汁。③加柠檬榨汁后调味，加冰块。

[重点提示] 香瓜要选闻一下有清香味道的，榨汁才好。

草莓芜菁香瓜汁

[做法] ①草莓洗净去蒂；芜菁洗净，根和叶切开；香瓜洗净去皮、子，切块；柠檬切片。②所有材料直接放入榨汁机内榨成汁即可。③在果汁内加冰块即可。

[重点提示] 高血压、血管硬化的病人应注意少喝。

[材料] 草莓20克，香瓜1个，花椰菜80克，柠檬1个，冰块少许

[材料] 草莓20克，芜菁50克，香瓜1个，冰块少许，柠檬1个

扫一扫，直接观看
西蓝花菠萝汁的制作视频

◣草莓黄瓜葡萄柚汁

做法 ①将草莓洗净、去蒂；去除葡萄柚的果皮，取出种子，只留果肉；黄瓜洗净，切块；柠檬洗净，切片。②将所有材料放入榨汁机榨汁。

重点提示 葡萄柚用沸水焯烫一下，去掉涩味。

草莓蜂蜜汁◢

做法 ①将草莓洗净，去蒂。②在榨汁机内放入豆浆、蜂蜜和冰块，搅拌20秒。③待冰块完全融化后，将草莓放入，搅拌30秒即可。

重点提示 草莓烫一下，可分解农药残留物。

材料 草莓50克，黄瓜50克，葡萄柚45克，柠檬1个，冰块少许

材料 草莓180克，蜂蜜适量，豆浆180毫升，冰块少许

◣草莓柠檬酸奶

做法 ①将草莓洗净，放入榨汁机；柠檬洗净，切片。②将草莓与柠檬搅打成汁。③将酸奶加入果汁内一起搅匀即可。

重点提示 柠檬不用去皮，放进盐水中浸泡一下即可。

草莓菠萝蜜桃汁◢

做法 ①草莓洗净；水蜜桃洗净，去皮去核后切成小块；菠萝去皮，切块。②碎冰除外的材料放入榨汁机内搅打30秒。③果汁倒入杯中，加入碎冰即可。

重点提示 要选果肉多汁、香味浓郁的草莓。

材料 草莓4个，酸奶200毫升，柠檬1个

材料 草莓6颗，水蜜桃50克，菠萝80克，水45毫升，碎冰60克

◢草莓油菜猕猴桃汁

[做法] ① 草莓洗净；猕猴桃剥皮对切；柠檬洗净，切3块；油菜的茎和叶切开。② 草莓、卷成卷的油菜叶和茎、猕猴桃、柠檬入榨汁机榨汁，加冰块即可。

[重点提示] 猕猴桃用油菜包裹起来再榨汁，效果好。

草莓白萝卜菠萝汁◣

[做法] ① 草莓洗净去蒂；菠萝去皮洗净切块；白萝卜洗净，根叶切分开；柠檬洗净，切片。② 草莓、白萝卜、菠萝、柠檬放入榨汁机榨汁，加冰块即可。

[重点提示] 将白萝卜的根和叶切开，更利于榨汁。

[材料] 草莓50克，油菜100克，猕猴桃1个，柠檬1个，冰块少许

[材料] 草莓60克，白萝卜70克，菠萝100克，柠檬1个，冰块少许

◢黄瓜梨猕猴桃汁

[做法] ① 将黄瓜洗净切小块；猕猴桃去皮，切小块；雪梨去皮、去核、去子，切小块。② 将所有材料放入榨汁机内搅打成汁即可饮用。

[重点提示] 猕猴桃的皮要剥干净，以免影响口味。

猕猴桃西蓝花汁◣

[做法] ① 将西蓝花洗净，切小朵。② 猕猴桃洗净，切开取出果肉。③ 将西蓝花、猕猴桃果肉及蜂蜜一起放入榨汁机中搅匀即可。

[重点提示] 果蔬汁中的渣子含有许多营养成分，最好同果蔬汁一起食用。

[材料] 黄瓜65克，猕猴桃100克，雪梨85克

[材料] 猕猴桃1个，西蓝花80克，蜂蜜10克

⌐ 猕猴桃西蓝花菠萝汁

〔做法〕① 将猕猴桃及菠萝去皮，切块；西蓝花洗净，切小朵备用。② 将全部材料放入榨汁机中榨成汁即可。

〔重点提示〕女性经期最好少吃或不吃猕猴桃。

〔材料〕猕猴桃1个，西蓝花80克，菠萝50克，凉开水适量

猕猴桃油菜汁 ⌐

〔做法〕① 将猕猴桃去皮，油菜洗净，均以适当大小切块。② 将所有材料放入榨汁机一起搅打成汁，滤出果肉即可。

〔重点提示〕风寒感冒、疟疾、寒湿痢者不宜饮用猕猴桃油菜汁。

〔材料〕猕猴桃2个，油菜100克，蜂蜜1小勺，冰水200毫升

⌐ 猕猴桃蔬果汁

〔做法〕① 猕猴桃、梨子去皮，梨子另去核，均切成小块；西芹洗净切段。② 将上述材料与凉开水一起放入榨汁机中，榨成汁。③ 向果汁中加入柠檬汁和果糖，拌匀。

〔重点提示〕猕猴桃放置一段时间，榨出的果汁味道更香甜。

〔材料〕猕猴桃1个，梨子1个，西芹30克，柠檬汁少许，果糖8克，凉开水200毫升

猕猴桃白萝卜香橙汁 ⌐

〔做法〕① 猕猴桃去皮切块；白萝卜洗净、去皮，切条。② 橙子洗净，取出果肉。③ 猕猴桃、白萝卜、橙子放入榨汁机中榨汁，再倒入杯中调匀。

〔重点提示〕白萝卜不要选敲一下会响的。

〔材料〕猕猴桃1个，橙子2个，白萝卜300克

↙狝猴桃无花果汁

(做法) ① 无花果去皮，对切；狝猴桃洗净，去皮，切块；苹果洗净，去核，切块；胡萝卜洗净，切大小适当的块。② 将材料交错地放入榨汁机，榨汁即可。

(重点提示) 新鲜无花果买回后应立即食用。

狝猴桃瘦身汁↘

(做法) ① 将葡萄去皮，去子；狝猴桃去皮，切成小块。② 菠萝去皮，切成小块；青椒洗净，切成小块。③ 将所有材料放入榨汁机内搅打成汁即可。

(重点提示) 菠萝切好后，放进盐水浸泡一下。

(材料) 无花果1个，狝猴桃1个，胡萝卜1根，苹果1个

(材料) 葡萄120克，青椒1个，菠萝100克，狝猴桃1个

↙狝猴桃柠檬菠萝汁

(做法) ① 狝猴桃去皮，切成小块。② 菠萝削皮，切成大小适当的块；西芹洗净，切段；柠檬切片。③ 将准备好的材料和凉开水一起倒入榨汁机内搅打2分钟即可。

(重点提示) 宜选果实饱满、茸毛未脱落的狝猴桃。

狝猴桃蜜汁↘

(做法) ① 狝猴桃去皮，用清水洗净后切成小块。② 狝猴桃、姜片、蜂蜜倒入榨汁机内搅打成汁，再加入凉开水即可。

(重点提示) 要选用熟透的狝猴桃榨汁，味道更佳。

(材料) 狝猴桃2个，菠萝150克，西芹50克，柠檬1个，凉开水240毫升

(材料) 狝猴桃1个，蜂蜜少许，姜片10克，凉开水150毫升

材料 黄瓜50克，猕猴桃1个，生菜20克，蜂蜜2大匙

∠猕猴桃生菜黄瓜汁

做法 ①黄瓜洗净切片；猕猴桃剥皮取果肉。②生菜洗净切段，焯水捞起，以冰水浸泡片刻，沥干备用。③将材料倒入榨汁机搅成汁，加蜂蜜拌匀即可。

重点提示 黄瓜把头尾去掉后再榨汁，味道更佳。

木瓜蔬菜汁﹨

做法 ①紫色包菜洗净，沥干，切片；木瓜洗净去皮，对半切开，去子，切块入榨汁机。②加紫色包菜、鲜奶榨汁；滤除果菜渣，加入果糖。

重点提示 木瓜的番木瓜碱有微毒，饮量不宜过多。

材料 木瓜1个，紫色包菜80克，鲜奶150克，果糖5克

∠木瓜莴笋汁

做法 ①木瓜洗净，去皮去子切小块；苹果洗净，去皮去核后切片。②将莴笋洗净，切小片；柠檬洗净、对切。③将材料放入榨汁机内，搅打2分钟。

重点提示 木瓜选用柔软的，表皮呈深黄色的最好。

材料 木瓜100克，苹果300克，莴笋50克，柠檬1个，蜂蜜、凉开水各适量

木瓜鲜姜汁﹨

做法 ①鲜姜去皮，放入榨汁机中榨成汁。②将木瓜去皮、子，与姜汁、凉开水一起放入榨汁机中，搅打成汁。③在果汁中加入蜂蜜，拌匀即可。

重点提示 选用嫩姜，味道更佳。

材料 木瓜250克，鲜姜50克，蜂蜜、凉开水各适量

扫一扫，直接观看
黄瓜苹果纤体饮的制作视频

∠ 木瓜酸奶橙子汁

[做法] ① 将木瓜去皮，去子，用清水洗净，切块。② 将木瓜块与生姜片、冰糖、酸奶、橙子汁放入榨汁机中搅匀即可。

[重点提示] 此蔬果汁在饭后30分钟饮用效果最佳。

木瓜鲜奶汁 ↘

[做法] ① 将木瓜去皮，对半切开，去子后切成小块；西红柿洗净切块。② 木瓜、西红柿、鲜奶放入榨汁机内搅打成汁。③ 将打好的汁加入冰糖，拌匀即可。

[重点提示] 木瓜去皮时可以稍微切厚一点。

[材料] 木瓜200克，冰糖少许，酸奶200毫升，橙子汁200毫升，生姜片少许

[材料] 木瓜200克，鲜奶150克，西红柿100克，冰糖10克

∠ 木瓜红布林汁

[做法] ① 将木瓜洗净，去皮，去子，切小块。② 红布林洗净，切开，挖出果肉；银耳洗净，切小朵。③ 将准备好的材料放入榨汁机内搅打成汁，加入牛奶拌匀即可。

[重点提示] 将水果放冷藏室冷冻再取出榨汁。

木瓜苹果莴笋汁 ↘

[做法] ① 木瓜洗净去皮、去子，切小块；苹果洗净切片；莴笋洗净，切小片。② 木瓜及其他材料入榨汁机搅打即可。

[重点提示] 莴笋要去掉表皮，用开水焯烫一下。

[材料] 木瓜1个，红布林50克，银耳少许，牛奶250毫升

[材料] 木瓜100克，苹果300克，莴笋50克

↙酸甜木瓜汁

做法 ①木瓜洗净去子，切块；柠檬洗净切块。②将柠檬放入杯中，加牛奶、蜂蜜、冰块，一起搅拌约10秒钟，将切好的木瓜放入杯中搅拌成汁即可。

重点提示 将木瓜放入清水中浸泡，用刷子刷净。

材料 木瓜180克，蜂蜜适量，牛奶20毫升，冰块、柠檬各少许

西瓜橘子西红柿汁↘

做法 ①西瓜洗干净，削皮，去子；橘子剥皮，去子；西红柿洗干净，切成大小适当的块；柠檬切片。②将所有材料倒入榨汁机内搅打2分钟即可。

重点提示 用少量的西瓜皮来榨汁，别有风味。

材料 西瓜200克，橘子1个，西红柿1个，柠檬1个，凉开水、冰糖各适量

↙西瓜芦荟汁

做法 ①西瓜洗净，剖开，去掉外皮，取肉；将西瓜肉放入榨汁机中榨汁。②西瓜汁盛入杯，加上少许盐，加入芦荟肉、冰粒拌匀即可。

重点提示 芦荟削皮入盐水中浸泡，口感更佳。

材料 西瓜400克，芦荟肉50克，盐、冰粒各少许

西瓜芹菜葡萄柚汁↘

做法 ①将西瓜去皮去子，葡萄柚去皮，芹菜去叶，均切适当大小的块。②所有材料放入榨汁机内搅打成汁，滤出果肉即可。

重点提示 敲一下西瓜可感觉到瓜身的颤抖，就是成熟度刚刚好的西瓜。

材料 西瓜150克，芹菜50克，葡萄柚1个

∠西瓜西红柿汁

[做法] ① 西瓜洗净，切开，去子；柠檬去皮、子，连同西红柿切成块。② 将上述材料全部放入榨汁机中，加入果糖、凉开水，以高速搅打60秒钟，加冰块即可。

[重点提示] 成熟度越高的西瓜，其分量就越轻。

[材料] 西瓜150克，西红柿1个，果糖、凉开水、冰块各适量

西瓜西芹汁∖

[做法] ① 菠萝、胡萝卜削皮，切块；西芹洗净，切段；西瓜去子取肉。② 凉开水倒入榨汁机中，将以上材料和蜂蜜放入榨汁机中，搅打匀过滤即可。

[重点提示] 西瓜瓜脐部位向里凹，藤柄向下就熟了。

[材料] 西瓜、菠萝、胡萝卜各100克，西芹50克，凉开水400毫升，蜂蜜少许

∠西瓜白梨苹果汁

[做法] ① 白梨和苹果洗净、去果核，切块；西瓜、柠檬洗净，去皮切开；胡萝卜洗净，切块。② 将白梨、苹果和柠檬、西瓜、胡萝卜块放入榨汁机中榨出汁即可。

[重点提示] 柠檬可以不用去皮，直接切片榨汁。

[材料] 白梨1个，西瓜150克，苹果1个，胡萝卜1根，柠檬1/3个

番石榴胡萝卜汁∖

[做法] ① 将胡萝卜洗净，切块；番石榴洗净，切块；剥掉柚子的皮。② 将番石榴、柚子、胡萝卜、柠檬放入榨汁机中，搅打成汁即可。

[重点提示] 番石榴子最好去掉，不要用来榨汁。

[材料] 番石榴90克，胡萝卜100克，柚子80克，柠檬1个

扫一扫，直接观看
甘蔗生姜汁的制作视频

∠蜂蜜苦瓜姜汁

做法 ①苦瓜洗净，对剖为二，去子，切块。②柠檬去皮，切块；姜洗净，切片。③将苦瓜、姜、柠檬交错放进榨汁机，榨成汁，加蜂蜜调匀。

重点提示 真蜂蜜拉出的黏丝，不易断。

蜂蜜西红柿山楂汁↘

做法 ①将西红柿洗干净，去掉蒂，切成大小合适的块；山楂洗干净，切成小块。②将西红柿、山楂放入榨汁机内，加凉开水和蜂蜜，搅打2分钟即可。

重点提示 山楂最好选用个大、肉厚的为好。

材料 苦瓜50克，柠檬1个，姜7克，蜂蜜适量

材料 西红柿150克，山楂80克，凉开水250毫升，蜂蜜1大匙

∠蜂蜜苋菜果汁

做法 ①将苋菜叶洗净；苹果去皮去核，切块。②用苋菜叶包裹苹果，放入榨汁机内。③加入凉开水，搅打成汁，再加蜂蜜调味即可。

重点提示 要选择叶无萎蔫的新鲜苋菜。

甘蔗姜汁↘

做法 ①甘蔗去皮，切成小块；姜洗净，切小块，一同放入榨汁机中榨成汁。②将果汁倒入杯中，放入微波炉加热即可。

重点提示 选购甘蔗时，应选择皮色新鲜、蔗茎挺直，茎围粗壮的为好。

材料 苋菜50克，苹果1/4个，凉开水300克，蜂蜜适量

材料 甘蔗200克，姜15克

甘蔗西红柿优酪乳

[做法] ① 将甘蔗去皮；将西红柿洗净，切块，分别放入榨汁机榨汁。② 将甘蔗汁与西红柿汁放入榨汁机，搅匀加入优酪乳即可。

[重点提示] 先将西红柿煮一下，更易剥皮。

[材料] 甘蔗200克，西红柿1个，优酪乳适量

哈密瓜包菜汁

[做法] ① 菠菜洗净，去梗，切段；将哈密瓜去皮，去子，切成小块；将包菜洗净，切小块。② 将以上材料放入榨汁机中榨汁，加入柠檬汁即可。

[重点提示] 包菜一片片剥下，用淡盐水洗净再榨汁。

[材料] 菠菜100克，哈密瓜150克，包菜50克，柠檬汁少许

哈密瓜黄瓜马蹄汁

[做法] ① 将哈密瓜洗净，去皮，切成小块；黄瓜洗净，切成块；马蹄洗净，去皮。② 将所有材料一起搅成汁即可。

[重点提示] 哈密瓜性凉，不宜吃得过多，以免引起腹泻、腹痛。

哈密瓜毛豆汁

[做法] ① 将哈密瓜去皮、切成小块，和毛豆仁一起放入榨汁机中。② 倒入适量的酸奶与柠檬汁，打匀后即可饮用。

[重点提示] 毛豆汁要榨成翠绿色，可加一小撮的盐。

[材料] 哈密瓜300克，黄瓜2条，马蹄200克

[材料] 哈密瓜1/4片，煮熟的毛豆仁20克，柠檬汁50毫升，酸奶200毫升

材料 哈密瓜150克，猕猴桃2个，生菜50克，水100毫升

哈密瓜猕猴桃蔬菜汁

做法 ①将哈密瓜和猕猴桃去皮，切成小块，生菜洗净。②将猕猴桃、哈密瓜、生菜和水放入榨汁机内，搅打均匀即可。

重点提示 哈密瓜属后熟果类，可以储存一段时间再食用。

哈密瓜苦瓜汁

做法 ①将哈密瓜去皮，切块。②将苦瓜洗净，去子，切块。③将上述材料放入榨汁机内，搅打成汁，加入优酪乳即可。

重点提示 哈密瓜削皮后榨汁，口感更佳。

材料 哈密瓜100克，苦瓜50克，优酪乳200毫升

材料 哈密瓜200克，椰奶40毫升，鲜奶200毫升，冰糖少许，柠檬1个，姜片少许

哈密瓜鲜奶汁

做法 ①哈密瓜削去皮，去子，用清水洗净，切成大丁；柠檬洗净，切片。②将所有材料放入榨汁机内搅打2分钟即可。

重点提示 选用硕大、形状完整的椰子，味道更佳。

哈密瓜养颜汁

做法 ①将哈密瓜洗净，去皮；黄瓜洗净，切成块；马蹄洗净，去皮。②将所有原材料放入榨汁机中，榨成汁即可。

重点提示 哈密瓜要去掉子再榨汁，否则影响口感。

材料 哈密瓜300克，黄瓜2根，马蹄200克

哈密瓜柠檬饮

(做法) ① 将哈密瓜去皮，去瓤，切小块；柠檬洗净，切成小块。② 将哈密瓜、姜片与柠檬放入榨汁机中榨汁，加入蜂蜜即可。

(重点提示) 要选瓜身坚实微软的哈密瓜。

火龙果柠檬汁

(做法) ① 火龙果去皮，切成小块备用。② 柠檬洗净，切块；芹菜洗净，切段。③ 将所有材料倒入榨汁机打成汁即可。

(重点提示) 火龙果不要放在冰箱中，以免冻伤反而很快变质。

(材料) 哈密瓜250克，柠檬1个，蜂蜜适量，姜片少许

(材料) 火龙果200克，柠檬1个，优酪乳200毫升，芹菜少许

火龙果排毒汁

(做法) ① 将火龙果肉切成粒；苦瓜洗净，切成粒。② 将火龙果、苦瓜、矿泉水、冰粒倒入榨汁机内，搅打20秒钟成汁，加入蜂蜜即可。

(重点提示) 苦瓜宜选用刚好成熟的，味道更佳。

火龙果美白汁

(做法) ① 将火龙果洗净，去皮，切碎块；包菜洗净，剥成小片。② 将上述材料放入榨汁机中，加凉开水、冰糖，打成汁即可。

(重点提示) 火龙果去掉皮后，用盐水浸泡一下。

(材料) 火龙果肉150克，苦瓜60克，蜂蜜1汤匙，矿泉水100毫升，冰粒20克

(材料) 包菜100克，火龙果120克，冰糖适量，凉开水适量

扫一扫，直接观看
苹果橘子汁的制作视频

材料 桔梗1根，苹果汁50毫升，胡萝卜1根

∠桔梗苹果胡萝卜汁

[做法] ①把桔梗、胡萝卜均用清水洗净，切成小块。②把桔梗、胡萝卜、苹果汁倒入榨汁机内，搅打均匀即可饮用。

[重点提示] 桔梗要先用凉开水浸泡一下再榨汁。

橘子苦瓜汁∖

[做法] ①将橘子去皮，撕成瓣；苹果洗净，去皮去子，苦瓜去子，均以适当大小切块。②将所有材料放入榨汁机一起搅打成汁，滤出果肉即可。

[重点提示] 苦瓜不宜冷藏，置于阴凉通风处可存3天。

材料 橘子2个，苦瓜60克，苹果1/4个，冰水200毫升

材料 橘子1个，萝卜80克，苹果1个，冰糖10克

∠橘子萝卜苹果汁

[做法] ①将橘子、苹果、萝卜洗净，去皮，切成小块。②将橘子、苹果、萝卜放入榨汁机内榨成汁，加入冰糖搅拌均匀即可。

[重点提示] 冠心病、心肌梗死、肾病、糖尿病患者不宜多喝苹果汁。

橘子蜂蜜豆浆∖

[做法] ①剥去橘子皮，去除瓤衣、子。②将豆浆和蜂蜜倒入榨汁机中充分搅拌，放入少许冰块继续搅拌。③放入橘子，搅拌30秒钟即可。

[重点提示] 豆浆最好是刚煮好的，味道才新鲜。

材料 橘子250克，蜂蜜适量，豆浆200毫升，冰块少许

梨子甜椒蔬果汁

做法 ①将甜椒洗净，去子；梨子洗净，去核切块。②将甜椒、梨放入榨汁机榨成汁，加入冰块即可。

重点提示 甜椒用保鲜膜封好，置于冰箱中可保存1周左右。

材料 甜椒100克，梨子1个，冰块少许

梨子蜂蜜饮

做法 ①将梨子洗净，去皮、核；老姜洗净，切片备用。②将梨子、老姜、凉开水放入榨汁机中榨成汁，再加入蜂蜜，搅匀即可。

重点提示 宜选用透明、黏稠或有结晶体，散发香味的蜂蜜。

材料 梨子1个，老姜5克，蜂蜜少许，凉开水适量

梨椒蔬果汁

做法 ①将梨子去皮和核，切成小片；将甜椒洗净，去子，切成适当大小；芹菜摘下叶子使用。②将备好的材料和凉开水放入榨汁机中榨成汁即可。

重点提示 梨子核要剔除，以免榨出的汁味道苦涩。

材料 梨子1个，甜椒1个，芹菜20克，凉开水200毫升

梨子鲜藕汁

做法 ①将梨子洗净，去皮和核；莲藕洗净，切小块；马蹄洗净，去皮。②将所有材料放入榨汁机，榨成汁液即可。

重点提示 鲜藕要切成细条，方便榨汁。

材料 梨子1个，莲藕1节，马蹄60克

178

蔬果汁6000例

╱梨子油菜蔬果汁

（做法）① 梨子去皮和核，切成小片；油菜洗净，切成小片。② 将所有材料放入榨汁机中榨成汁即可。

（重点提示）梨子可以不削皮，但要用沸水焯烫一下再榨汁。

橙子蔬菜汁╲

（做法）① 橙子切开榨汁；柠檬去皮榨汁。② 包菜切块；芹菜撕去老叶及筋，与包菜入榨汁机中，加凉开水、柠檬汁、橙子汁打匀，滤除菜渣后加蜂蜜调匀。

（重点提示）用手摸起来会觉得手感粗糙的橙子为佳。

（材料）橙子1个，包菜100克，柠檬1个，芹菜50克，蜂蜜、凉开水各适量

╱桃子橙子汁

（做法）① 将桃子洗净，去皮与核，切块；黄瓜洗净切块。② 将橙子洗净切块，放入榨汁机中榨汁。③ 把桃子、黄瓜放入榨汁机中，放入牛奶、橙子汁、蜂蜜，搅匀即可。

（重点提示）可依个人口味，选用不同口味的牛奶。

香蕉橙子汁╲

（做法）① 将橙子洗净，去皮，切半，榨汁；香蕉去皮，切段；② 把橙子汁、香蕉、姜片、凉开水放入榨汁机搅打均匀即可。

（重点提示）香蕉以外皮金黄色的为佳。

（材料）桃子1个，橙子1个，黄瓜半根，牛奶适量，蜂蜜适量

（材料）香蕉1根，橙子1个，姜片5克，凉开水100毫升

∠芒果菠菜蔬果汁

[做法] ① 将芒果去皮和核，切成适当大小；菠菜洗净，切成小段。② 将备好的材料和凉开水一起放入榨汁机中，搅打成汁即可。

[重点提示] 菠菜要用盐水浸泡一下，味道更佳。

[材料] 芒果1个，菠菜30克，凉开水200毫升

芒果茭白牛奶↘

[做法] ① 芒果洗净，去皮、去核，取果肉；茭白洗干净；柠檬去皮，切成小块。② 把芒果、茭白、鲜奶、柠檬、蜂蜜放入榨汁机内，打碎搅匀即可。

[重点提示] 茭白可置于阴凉处保存1周左右。

[材料] 芒果2个，茭白100克，柠檬1个，鲜奶200毫升，蜂蜜适量

∠芒果人参果柠檬汁

[做法] ① 将芒果与人参果、柠檬洗净，芒果去皮、去核，切小块，茭白洗净，一起放入榨汁机。② 将柠檬汁、冰糖、凉开水与芒果、人参果搅匀即可。

[重点提示] 冰糖用凉开水溶化后与果汁拌匀即可。

[材料] 芒果1个，人参果1个，柠檬1个，冰糖适量，茭白少许，凉开水100毫升

芒果柠檬蜜汁↘

[做法] ① 芒果去皮，去核，切成小块；黄瓜洗净，切小块；柠檬用清水洗净，切片。② 将所有材料放入榨汁机内搅打成汁即可饮用。

[重点提示] 选用果实饱满、金黄色的芒果。

[材料] 芒果1个，柠檬1个，黄瓜1根，蜂蜜少许，凉开水200毫升

⌐清爽蔬果汁

做法 ①西瓜剖开，取肉；白萝卜洗净，去皮切成条；将橙子去皮，切块。②将所有材料放入榨汁机中榨汁，装入杯中即可。

重点提示 西瓜宜现榨，以免久放不新鲜。

材料 西瓜150克，白萝卜1个，橙子1个

人参果梨葡萄汁⌐

做法 ①将人参果、梨子洗净，削皮、去核，切块；将葡萄洗净，去皮与子；柠檬洗净切片。②将所有材料放入榨汁机中，榨成汁。

重点提示 人参果含水量高，不易保存，建议尽快食用。

材料 人参果1个，梨子1个，葡萄100克，柠檬1个，姜片少许

⌐润肤多汁饮

做法 ①梨、马蹄、生菜洗净，再将梨去皮去核，马蹄去皮切块，生菜剥成片。②将麦冬用热水泡一晚使它软化。③上述材料入榨汁机中打成汁，加蜂蜜调味。

重点提示 马蹄以个大、洁净、新鲜、皮薄的为佳。

材料 梨1个，马蹄50克，生菜50克，麦冬15克，蜂蜜适量

柿子柠檬汁⌐

做法 ①将柿子切除蒂，去子，切成小丁；马蹄去皮洗净；柠檬用清水洗净后切片。②将所有材料倒入榨汁机搅打2分钟即可。

重点提示 柿子先放入清水中浸泡，然后洗净。

材料 柿子1个，柠檬1个，马蹄50克，水240毫升，冰糖3大匙

╲ 柿子胡萝卜汁

[做法] ①将甜柿、胡萝卜洗净，去皮，切成小块；柠檬洗净，切片。②将甜柿、胡萝卜、柠檬放入榨汁机中榨成汁。③将冰块加入果菜汁中，搅匀即可。

[重点提示] 柿子要用苏打水浸泡一下，味更佳。

桃汁芹菜汁 ╲

[做法] ①将芹菜去除老叶，以适当大小切块。②将所有材料放入榨汁机一起搅打成汁，滤出汁即可饮用。

[重点提示] 桃子榨汁后可加入冰块，保持鲜味。

[材料] 甜柿1个，胡萝卜60克，柠檬1个，冰块适量

[材料] 桃汁100毫升，芹菜30克，温牛奶200毫升

╲ 香瓜西红柿蜜莲汁

[做法] ①香瓜去皮、子，切块；西红柿洗净切块；莲子泡软煮熟。②香瓜、西红柿与莲子倒入榨汁机中，加凉开水打成汁，再加蜂蜜和冰块调匀。

[重点提示] 优质莲子外观上有一点自然的皱皮。

香瓜蔬菜汁 ╲

[做法] ①将香瓜洗净，去皮，对半切开，去子，切块，备用；将西芹洗净，切段；包菜洗净，切片。②将所有材料倒入榨汁机内打匀即可。

[重点提示] 包菜可置于阴凉通风处保存2周左右。

[材料] 香瓜100克，西红柿100克，莲子8克，蜂蜜、凉开水各适量，冰块少许

[材料] 香瓜200克，包菜100克，西芹100克，蜂蜜30克

[材料] 香蕉半根，苦瓜20克，油菜1棵，水300毫升

∠香蕉苦瓜油菜汁

[做法] ① 将香蕉去皮，切成小块；苦瓜去子，切成小块；油菜洗净，切成小段。② 将全部材料放入榨汁机中，榨成汁即可。

[重点提示] 可将油菜梗从中间剖开，以便榨汁。

[材料] 香蕉1根，苦瓜100克

香蕉苦瓜汁↘

[做法] ① 将香蕉去皮，切成小块。② 将苦瓜洗净，去子，切成大小适当的块。③ 将全部材料放入榨汁机内，搅打成汁即可。

[重点提示] 苦瓜去两头蒂，再放入沸水中焯烫，易去掉苦味。

[材料] 香蕉半根，茼蒿20克，牛奶半杯

∠香蕉茼蒿牛奶汁

[做法] ① 将香蕉去皮，切成小块；将茼蒿洗净，切成小段。② 将所有材料放入榨汁机中搅打均匀，滤出汁即可。

[重点提示] 茼蒿要用沸水焯烫一下，味道更佳。

[材料] 香蕉半根，油菜1棵，水300克

香蕉蔬菜汁↘

[做法] ① 将香蕉去皮，切成小块；油菜用清水洗净，切成小段。② 将全部材料放入榨汁机中，榨成汁即可。

[重点提示] 油菜焯一下水，味道更好。

∠香蕉苦瓜苹果汁

[做法] ① 香蕉去皮，切成小块；苹果洗净，去皮，去核，切小块。② 将苦瓜洗净，去子，切成大小适当的块。③ 将全部材料放入榨汁机内搅打成汁即可。

[重点提示] 香蕉不宜选用过于成熟的。

香蕉西红柿汁↘

[做法] ① 将西红柿洗净后切块；香蕉去皮。② 将西红柿、香蕉、乳酸菌饮料、凉开水一起放入榨汁机中榨成汁。

[重点提示] 香蕉先放一段时间再榨汁，味道更佳。

[材料] 香蕉1根，苦瓜100克，苹果50克，凉开水100毫升

[材料] 乳酸菌饮料100毫升，西红柿1个，香蕉1个，凉开水适量

∠香蕉菠菜牛奶

[做法] ① 香蕉去皮，切块；菠菜洗净，择去黄叶，切成段。② 将所有材料放入榨汁机内搅打成汁即可。

[重点提示] 香蕉要选用完全成熟的。

芝麻香蕉牛奶↘

[做法] ① 将香蕉去掉外皮，切成大小合适的小段，备用。② 将所有材料放入榨汁机内搅打2分钟即可饮用。

[重点提示] 表面潮湿油腻的芝麻不要选用。

[材料] 香蕉1根，菠菜100克，牛奶200毫升

[材料] 芝麻酱2小匙，香蕉1根，鲜奶240毫升

（材料） 小红豆2大匙，香蕉1根，酸奶200毫升，蜂蜜少许

红豆香蕉酸奶

（做法） ① 将小红豆洗净，入锅煮熟备用；香蕉去皮，切成小段。② 将所有材料放入榨汁机内打汁即可。

（重点提示） 红豆以豆粒完整、颜色深红、大小均匀、紧实皮薄者为佳。

芭蕉火龙果萝卜汁

（做法） ① 柠檬洗净，切块；芭蕉剥皮；火龙果去皮；白萝卜洗净，去皮。② 将柠檬、芭蕉、火龙果、白萝卜及冰块放入榨汁机，加凉开水搅打成汁。

（重点提示） 按火龙果表皮时，感觉较软就不新鲜。

（材料） 柠檬1个，芭蕉2个，白萝卜100克，火龙果200克，凉开水适量，冰块少许

芭蕉生菜西芹汁

（做法） ① 芭蕉去皮；生菜和西芹用清水洗净；柠檬洗净后切片。② 将所有原材料放入榨汁机中榨出汁即可。

（重点提示） 胃寒者不宜多喝芭蕉生菜西芹汁。

（材料） 芭蕉3个，生菜100克，西芹100克，柠檬1个

菠萝橙子西芹汁

（做法） ① 将菠萝去皮，洗净；苹果洗净，去核；橙子去皮；西芹叶洗净。② 将以上材料以适当大小切块，加冰水放入榨汁机一起搅打成汁，滤出果肉即可。

（重点提示） 饭前或空腹不宜食用含橙子汁的蔬果汁。

（材料） 菠萝100克，苹果、橙子各1个，西芹叶5克，冰水100毫升

∠菠萝芹菜汁

[做法] ① 菠萝去皮、切块；柠檬洗净，对切后取半压汁；芹菜去叶，洗净，切成段。② 将冰块、菠萝及其他材料放入榨汁机内，以高速搅打40秒钟即可。

[重点提示] 可用手指弹击菠萝，回声重的品质较佳。

[材料] 菠萝150克，柠檬1个，芹菜100克，凉开水60毫升，蜂蜜、冰块各适量

菠萝西红柿汁↘

[做法] ① 将菠萝洗净，去皮，切成小块。② 将西红柿洗净，去皮，切小块；柠檬洗净，切片。③ 将以上材料倒入榨汁机内，搅打成汁，加入蜂蜜拌匀即可。

[重点提示] 加入苹果味道会更好。

[材料] 菠萝80克，西红柿60克，柠檬1个，蜂蜜少许

∠酸味菠萝汁

[做法] ① 将黄瓜洗净，切小块；菠萝去皮，切小块；柠檬切片备用。② 将所有材料放入榨汁机中，搅打成汁即可。

[重点提示] 黄瓜性凉，一次忌饮过量。

[材料] 菠萝60克，黄瓜2条，柠檬1个，凉开水100克

菠萝苹果葡萄柚汁↘

[做法] ① 葡萄柚、柠檬洗净切块，入榨汁机中榨汁。② 菠萝、苹果、黄瓜洗净切小块，入榨汁机中搅打成泥，滤出蔬果汁。③ 将两种汁混合，加蜂蜜。

[重点提示] 菠萝先平削表皮，然后再剜掉核即可。

[材料] 菠萝200克，苹果1个，葡萄柚、柠檬各50克，蜂蜜适量，黄瓜1根

186
▼
▼
蔬果汁6000例

材料 菠萝60克，草莓2个，橙子1个，凉开水30毫升，白汽水20毫升

∠菠萝橙子草莓汁

做法 ①菠萝去皮，切块；草莓洗净，去蒂；橙子洗净，对切后榨汁。②将除白汽水外的材料榨汁。③将果汁倒入杯中，加入白汽水，拌匀即可。

重点提示 菠萝去皮切片后用苏打水浸泡一下。

菠萝西红柿柠檬汁↘

做法 ①将菠萝洗净，去皮，切成小块。②西红柿洗净，去皮，切小块；柠檬洗净，切片。③将准备好的材料倒入榨汁机内搅打成汁，加入蜂蜜拌匀即可。

重点提示 在榨汁机中滴一些醋，以免有异味。

材料 菠萝50克，西红柿、柠檬各1个，蜂蜜少许

材料 菠萝50克，沙田柚100克，蜂蜜、姜片各少许

∠菠萝沙田柚蜜汁

做法 ①将菠萝去皮，切小块。②沙田柚去皮，去子，切小块。③将准备好的材料倒入榨汁机内搅打成汁，加入蜂蜜拌匀即可。

重点提示 选用水分充足的沙田柚榨汁，味道更佳。

菠萝苜蓿汁↘

做法 ①将菠萝削皮，切成小块；苜蓿洗净备用。②将柠檬洗净，切成小块。③将准备好的材料一起放入榨汁机搅打成汁即可。

重点提示 将苜蓿用沸水焯烫一下再榨汁。

材料 菠萝100克，苜蓿60克，柠檬少许

↙白兰瓜猕猴桃汁

做法 ① 将白兰瓜去皮去子，猕猴桃去皮，均切小块；西芹洗净，切小块。② 将所有材料放入榨汁机一起搅打成汁，滤出渣留汁即可。

重点提示 买回来的猕猴桃放一段时间后再榨汁，味道更佳。

材料 白兰瓜80克，猕猴桃60克，西芹30克，杏肉50克，冰水300毫升

白兰瓜葡萄柚汁↘

做法 ① 白兰瓜、葡萄柚去皮，梨去皮去核，包菜洗净。② 将以上材料洗净切小块，和冰水一起放入榨汁机内搅打成汁，滤出果肉即可。

重点提示 成熟的白兰瓜呈圆球形，个头均匀，皮色白中泛黄。

材料 葡萄柚1个，白兰瓜100克，包菜50克，梨1个，冰水100毫升

↙樱桃芹菜汁

做法 ① 将芹菜撕去老皮，切段，放入榨汁机中榨汁。② 将樱桃洗净，去子，和芹菜汁一起倒入榨汁机中，榨成汁，加入凉开水搅匀即可。

重点提示 加凉开水搅拌的时间不宜太长，以免影响成品外观。

材料 樱桃6颗，芹菜200克，凉开水适量

樱桃西红柿汁↘

做法 ① 将橙子剖半，榨汁。② 将樱桃、西红柿切小块，放入榨汁机榨汁，以滤网去残渣，和橙子汁混合拌匀即可。

重点提示 樱桃洗干净再去掉蒂，也可以用剪刀剪去蒂部。

材料 西红柿、橙子各1个，樱桃300克

╚ 李子生菜柠檬汁

做法 ①将生菜洗净，菜叶卷成卷；李子洗净，去核；柠檬连皮切成三块。②将所有材料一起榨成汁即可饮用。

重点提示 应挑选色绿、棵大、茎短的鲜嫩生菜。

材料 生菜150克，李子1个，柠檬1个

梨子鲜藕马蹄汁 ╲

做法 ①梨子洗净，去皮、果核，切块；鲜藕洗净，去皮，切块；马蹄去皮切片。②将梨子、鲜藕、马蹄放入榨汁机榨汁。加少许冰块即可。

重点提示 莲藕不易保存，尽量现买现食。

材料 梨子1个，鲜藕200克，马蹄适量，冰块少许

╚ 香瓜蔬果汁

做法 ①香瓜洗净，去皮，对半切开，去子，切块备用。②西芹洗净，切段；包菜洗净，切片。③将所有材料倒入榨汁机内打匀即可。

重点提示 香瓜的子要去干净，以免口味不佳。

材料 香瓜200克，包菜100克，西芹100克，蜂蜜30克

香瓜果菜汁 ╲

做法 ①香瓜洗净，去皮、去子后切成小块。②胡萝卜洗净，去皮，切小块；柠檬洗净，榨汁。③将冰块、香瓜等材料放入榨汁机内，加凉开水搅打即可。

重点提示 用凉开水榨汁，爽口味美。

材料 香瓜400克，胡萝卜50克，柠檬50克，凉开水100毫升，冰块60克

⌐苹果芹菜油菜汁

[做法] ①将苹果去皮去核；芹菜去叶；油菜去根，均以适当大小切块。②将所有材料放入榨汁机一起搅打成汁，滤出果汁即可。

[重点提示] 用手按一下苹果，按得动的就是甜的，按不动的就是酸的。

苹果油菜柠檬汁⌐

[做法] ①把苹果洗净，去皮、核，切块；油菜洗净；柠檬切块。②把柠檬、苹果、油菜都同样压榨成汁。③将果菜汁倒入杯中，再加入冰块即可。

[重点提示] 以选择叶片有韧性的油菜为佳。

[材料] 苹果120克，芹菜30克，油菜30克，蜂蜜1小勺，冰水300毫升

[材料] 苹果1个，油菜100克，柠檬1个，冰块少许

⌐桑葚青梅杨桃汁

[做法] ①将桑葚洗净；青梅洗净，去皮；杨桃洗净后切块。②将所有原材料放入榨汁机中搅打成汁即可。

[重点提示] 清洗杨桃的时候，注意只需要削掉较薄的棱即可，不用把整个棱角全部削掉。

牛蒡水果汁⌐

[做法] ①将柠檬洗净，切块；葡萄洗净；梨子去皮核，切块；牛蒡洗净切条。②将柠檬、葡萄、梨子、牛蒡放入榨汁机榨成汁，加入冰块即可。

[重点提示] 牛蒡去皮洗净，要切成细条才好榨汁。

[材料] 桑葚80克，青梅40克，杨桃5克，凉开水适量

[材料] 柠檬1/2个，葡萄100克，梨子1个，牛蒡60克，冰块少许

蜜枣龙眼汁

做法 ①干龙眼、枸杞子洗净；胡萝卜去皮切丝；蜜枣冲净去子。②将全部材料与砂糖倒入锅中，加600毫升水煮至水量剩约300毫升熄火，静待冷却。③倒入榨汁机内，加冰块搅打成汁即可。

重点提示 要选择无虫蛀的蜜枣。

健康橘蒡水梨汁

做法 ①金橘洗净，去皮；牛蒡去皮切块，泡入盐水；水梨洗净，去皮去核，切块。②所有材料放入榨汁机中，搅打至纤维变细，滤渣，倒入杯中。

重点提示 将牛蒡切成细条，放入清水中浸泡10分钟后再榨汁，口味才佳。

材料 干龙眼30克，枸杞子10克，胡萝卜20克，蜜枣2粒，水600毫升，冰块、砂糖各适量

材料 金橘50克，牛蒡70克，水梨150克，凉开水1杯

桂圆芦荟露

做法 ①桂圆洗净剥去外壳取肉；芦荟洗净去皮。②将桂圆放碗中，加沸水加盖闷约5分钟，让其软化，放凉。③所有材料放入榨汁机中，加凉开水搅拌，再加冰糖。

重点提示 桂圆属温热食物，多食易滞气，有上火发炎症状的时候不宜食用。

黑豆芝麻汁

做法 ①黑豆洗净，入锅煮熟，捞出备用；香蕉去皮，切段。将黑豆、香蕉放入榨汁机搅打成泥。②加黑芝麻拌匀即可。

重点提示 黑豆以豆粒完整、大小均匀、乌黑的为佳。

材料 桂圆80克，芦荟100克，冰糖适量，凉开水300毫升

材料 黑豆2大匙，黑芝麻1大匙，香蕉少许

∠猕猴桃醋

[做法] ① 将猕猴桃去皮，取果肉。② 将切好的猕猴桃和陈年醋、冰糖一起放进玻璃罐中，密封。③ 存放3个月后即可饮用。

[重点提示] 还未成熟的猕猴桃可以和苹果放在一起，有催熟作用。

樱桃醋↘

[做法] 将适量的白醋、樱桃、红糖放入瓶中，摇动瓶子数下后，放置5天即可饮用。

[重点提示] 应选表面有光泽和弹性的樱桃。

[材料] 猕猴桃600克，陈年醋1200毫升，冰糖少许

[材料] 樱桃200克，红糖200克，白醋200毫升

∠柿子醋

[做法] ① 青柿子蒸一会儿，取出后剥皮，切块，放入榨汁机中搅碎。② 倒入醋、糖、盐等，盛入窄口瓶中，密封，放入冰箱，5~10天后即可饮用。

[重点提示] 要选择果皮光滑、没有黑斑的柿子。

草莓醋↘

[做法] ① 将草莓洗净后风干。② 将草莓放入瓶中，加入砂糖，倒入糙米醋，轻敲瓶底，去气泡后即可封盖。③ 浸泡约1个月，即可稀释饮用。

[重点提示] 注意要选用新鲜的草莓。

[材料] 青柿子3个，醋200毫升，糖、盐各适量

[材料] 草莓600克，砂糖400克，糙米醋400克

材料 白醋200克，柠檬500克，冰糖250克

╱柠檬醋

做法 ①将柠檬用清水洗净，晾干，切片。②取玻璃罐，放入柠檬片后加入白醋和冰糖，密封60天即可饮用。

重点提示 要选果皮有光泽、新鲜而完整的柠檬。

黑枣醋╲

做法 ①黑枣去杂质洗净，用米酒略泡，晾干后切开。②将黑枣和红糖以堆叠的方式放入玻璃罐中，再将陈醋倒入，密封。③发酵4个月后即可。

重点提示 要选择无虫蛀的黑枣。

材料 黑枣1000克，陈醋2000毫升，红糖300克，米酒适量

材料 柠檬500克，苹果醋600毫升，冰糖500克，柠檬醋、凉开水、蜂蜜各适量

╱柠檬苹果醋

做法 ①柠檬洗净并滤干，切片后放入玻璃罐。②加冰糖及苹果醋，再用保鲜膜封瓶口，放180天左右，饮用时，取柠檬醋、凉开水及蜂蜜调匀。

重点提示 体质虚寒者不宜过量饮用。

菠萝醋╲

做法 ①将菠萝去皮，切小块，晾干，放入瓶子中。②将醋倒入瓶中，覆盖过菠萝，封口。③发酵5天后即可饮用。

重点提示 用手按捏菠萝，挺实而微软的菠萝较好。

材料 菠萝100克，醋300毫升

第五章

花草药茶

　　花草药茶是将植物的根、茎、叶、花或皮等部分加以煎煮或冲泡，而产生芳香味道的草本饮料。它具有滋养肌肤、排毒瘦身等功能，经常饮用可使您容光焕发，神清气爽。在崇尚绿色、环保的今天，花草药茶已成为人们"回归自然、享受健康"的保健饮品，它带给人们一种纯净自然的生活方式。

扫一扫二维码，下载"掌厨"，出现"掌厨"标志和首页后，点击"搜索"标志，输入食材"花草"，会搜索出115种花草茶的做法，并可分别观看视频。

花草

渊源

人类最健康的饮料是茶，女性最经典的饮品是花、草。所以古人有"上品饮茶，极品饮花"之说，而现代亦有"男人品茶，女人饮花"之词。

花草茶首先是由欧洲传过来的，指的是将植物之根、茎、叶、花或皮等部分加以煎煮或冲泡，而产生芳香味道的草本饮料。以花草代茶饮用的方法，来源于古代欧洲宫廷贵人的美容习惯。在印度和中国的茶叶出现以前，花草茶就已被皇室贵族的女子们广泛饮用。

现今，爱美的女人们信奉"内调外养才能更明艳动人"的"真理"，在各种保养保健品横行市场时，花草茶也再次深受热捧。

人们如此喜爱花草茶，是因为它是以药草为原料，加水煎煮或浸泡以获取汁液而调制成的饮料(Herbal Tea)。长期饮用可以增强体质，减轻不适感。它还具有一定的宁心安神的功能。此外，有些花茶中富含B族维生素、维生素C、维生素E等抗氧化的成分，具有滋养肌肤、预防青春痘的功能，经常饮用可使女性容光焕发，神清气爽；有些花茶还具有利尿、发汗、促进新陈代谢的功能。

材料 玫瑰花15克，普洱茶3克，蜂蜜适量

╱玫瑰普洱茶

做法 ①将普洱茶放在杯碗中，注入沸水。②第一泡茶倒掉不喝，第二泡加入玫瑰花，再注入沸水冲泡，待稍凉，加入蜂蜜即可。

重点提示 普洱茶先煮一下，味道更佳。

玫瑰杞枣茶╲

做法 ①将所有中药材料洗净。红枣切半；干燥玫瑰花先用沸水浸泡再冲泡。②将做法①中的材料放入壶中，入沸水。浸泡约3分钟，即可。

重点提示 玫瑰不宜用温度太高的水洗。

材料 干燥玫瑰花6朵，无子红枣3颗，黄芪2片，枸杞5克

∠迷迭香玫瑰茶

做法 ① 新鲜迷迭香及甘草洗净，用沸水冲一遍；干燥玫瑰花先用沸水浸泡再冲净。② 将做法①中的材料入壶中，冲入沸水，浸泡3分钟即可。

重点提示 茶的浸泡时间不可过长。

材料 新鲜迷迭香2枝，干燥粉红玫瑰花12朵，甘草3片，沸水适量

玫瑰调经茶↘

做法 ① 将所有材料略为清洗，去除杂质。② 将玫瑰花及益母草放入锅中煎煮约10分钟。③ 关火后，倒入杯中即可饮用。

重点提示 各原材料的比例要适中。

材料 玫瑰花7~8朵，益母草10克

∠迷迭香草茶

做法 ① 将所有新鲜香草洗净，用沸水冲一遍；干燥玫瑰花先用沸水浸泡30秒钟再冲净。② 将做法①中的材料放入壶中，冲入沸水，浸泡约3分钟即可。

重点提示 山泉水是冲煮茶最好的选择，能喝出口感。

材料 新鲜迷迭香2枝，新鲜鼠尾草叶、新鲜甜菊叶各2片，干燥玫瑰花6朵，沸水适量

迷迭香柠檬茶↘

做法 ① 新鲜迷迭香洗净，用沸水冲一遍，再入杯中并冲入200毫升沸水，浸泡约1分钟。② 将做法①中的迷迭香及其余材料放入杯中，摇晃匀。

重点提示 不要放过多的蜂蜜，否则会冲掉花香味。

材料 新鲜迷迭香2枝，沸水200毫升，柠檬原汁30毫升，蜂蜜、冰块各适量

扫一扫，直接观看
金银洛神蜂蜜茶的制作视频

∠金莲花清热茶

(做法) ①将金莲花用清水洗净备用。②将金莲花放入沸水中，冲泡5分钟。③加入适量冰糖调节苦味。

(重点提示) 不宜选购有霉点的金莲花。

(材料) 金莲花3~10克，冰糖适量，沸水适量

金银花绿茶∖

(做法) ①取适量的金银花、绿茶叶、冰糖放进茶壶中，倒入沸水。②浸泡约5~10分钟后即可饮用。

(重点提示) 要注意挑选质地好的金银花，这样才不会影响口感。

(材料) 金银花5克，绿茶叶3克，沸水200毫升，冰糖少许

∠金盏菊健胃茶

(做法) ①将金盏菊鲜根用清水洗净，备用。②将洗净的金盏菊鲜根放入水中煎煮。③煮沸后，关火即可服用。

(重点提示) 要选用新鲜的金盏菊，否则泡不出茶的花香味儿。

(材料) 金盏菊鲜根50~100克，水适量

菊花蜜茶∖

(做法) ①干燥的七彩菊用清水洗干净。②放入沸水中冲泡，闷约5分钟后加蜂蜜即可饮用。

(重点提示) 加蜂蜜时茶的温度不能过高。

(材料) 七彩菊、蜂蜜、冰糖、沸水各适量

洋甘菊红花茶

(做法) ①新鲜洋甘菊洗净，用沸水冲一遍；将干燥红花、菩提及紫罗兰先用沸水浸泡30秒钟再冲净。②将做法①中的材料放入壶中，注入沸水，浸泡3分钟。

(重点提示) 菊花应选无虫孔的。

薄荷茶

(做法) ①将适量的薄荷、茶叶放在杯内，以沸水冲泡。②将适量的冰糖放入，调匀即可。

(重点提示) 要选用翠绿、无虫洞的薄荷叶。

(材料) 新鲜洋甘菊10朵，干燥红花1小撮，干燥菩提1小匙，干燥紫罗兰1小匙，沸水800毫升

(材料) 薄荷3克，茶叶10克，冰糖、沸水各适量

薄荷甘菊茶

(做法) ①将所有香草洗净，用沸水冲一遍，再放入壶中，冲入500~600毫升沸水。②浸泡约3分钟即可饮用。可回冲2次，回冲时需浸泡5分钟。

(重点提示) 薄荷与甘菊的比例要适中，以保证花香味。

薄荷鲜果茶

(做法) ①将所有水果洗净，去皮后切成小丁备用。②将薄荷、茉莉花与红茶一起放入壶中，冲入沸水，加入水果丁摇匀即可。

(重点提示) 选用的水果要新鲜，否则会影响到茶味。

(材料) 新鲜薄荷2枝，新鲜洋甘菊12朵，新鲜柠檬马鞭草2枝，沸水适量

(材料) 薄荷2枝，茉莉花2小匙，红茶1包，菠萝、猕猴桃、苹果、沸水各适量

∟莲花蜜茶

做法 ①将莲花、水放入锅中，煮至沸即可（或直接把莲花放入杯中，冲入500毫升沸水浸泡10分钟）。②饮用时加入蜂蜜拌匀即可。

重点提示 莲花先用沸水冲洗一遍再入锅。

莲花心金盏茶↘

做法 ①新鲜薄荷洗净，用沸水冲一遍；所有干燥花先用沸水浸泡30秒钟再沥干。②将做法①材料放入壶中，冲入沸水。③浸泡约3分钟。

重点提示 一定要选用干燥的花瓣。

材料 莲花3朵，水500毫升，蜂蜜适量

材料 新鲜薄荷2枝，莲花心1朵，金盏花、紫罗兰各1小匙，粉红玫瑰花3朵，沸水800毫升

∟莲子茶

做法 锅中注入适量的清水，用大火烧开，放入备好的莲子，加入适量的糖，煮烂后冲茶饮用。

重点提示 莲子加糖煮的时间可以稍微长一些，以使茶更入味。

芦荟红茶↘

做法 ①芦荟去皮只取内层白肉。②将芦荟和菊花放入水中用小火慢煮，水沸后加入红茶和蜂蜜即可。

重点提示 煮芦荟的时间不宜过长，否则营养很容易流失。

材料 茶叶2克，莲子10克，糖、清水各适量

材料 芦荟1段，菊花少许，红茶5克，蜂蜜、水各适量

╱芦荟清心美颜茶

(做法) ①将芦荟的绿色表皮削除后取内层白肉。②在锅内放入菊花和芦荟肉，加水煮沸后倒入已泡好的红茶中，加蜂蜜调味即可。

(重点提示) 芦荟的量不宜多，否则会冲淡茶的浓味。

百里香桂花茶╲

(做法) ①将新鲜百里香洗净，用沸水冲一遍；干燥桂花先用沸水浸泡30秒钟再冲净。②将做法①中的材料放入壶中，冲入沸水，浸泡约3分钟即可饮用。

(重点提示) 选干燥的桂花。

(材料) 芦荟200克，菊花5克，红茶5克，水40毫升，蜂蜜少许

(材料) 新鲜百里香3枝，干燥桂花2小匙，沸水适量

╱丁香绿茶

(做法) ①将少许丁香、绿茶放入杯中。②用沸水冲泡，然后倒出茶水留茶叶。③再放入沸水浸泡，1~2分钟后即可饮用。

(重点提示) 丁香和绿茶的量不宜过多，此茶一般清淡为最佳。

番石榴嫩叶茶╲

(做法) ①将土生番石榴的嫩叶晒干，取约3克。②洗净后，放入保温杯中用600毫升沸水冲泡。③泡约20分钟后，滤渣即可饮用。

(重点提示) 浸泡时间长一些可以增加茶的浓味。

(材料) 丁香、绿茶各少许，沸水适量

(材料) 晒干的番石榴嫩叶3克，沸水适量

╱草本瘦身茶

做法 将玫瑰花、决明子、山楂、陈皮、甘草、薄荷叶放入备好的碗中，用沸水冲泡15分钟，即可饮用。

重点提示 选用的各材料都要干燥的。

桂花普洱茶 ↘

做法 ①将干燥桂花及普洱茶叶先用沸水浸泡30秒钟，冲净。②将做法①中的材料放入壶中，冲入500~600毫升沸水。③浸泡约3分钟即可饮用。

重点提示 茶的浸泡时间不宜过长，否则茶会很涩。

材料 玫瑰花、决明子、山楂、陈皮、甘草、薄荷叶、沸水各适量

材料 干燥桂花2小匙，普洱茶叶1小匙，沸水适量

╱桂花蜜茶

做法 ①将桂花放入有滤杯的杯中或壶中，冲入沸水，浸泡约5分钟。②饮用时加入蜂蜜即可。

重点提示 不可加入太多蜂蜜，否则会冲淡茶的桂花香味。

桂花减压茶 ↘

做法 ①将桂花、甘草放入杯中，再冲入适量的沸水。②静置5分钟后即可饮用。

重点提示 浸泡时间可以长一点，这样可使桂花香更入味。

材料 桂花2大匙，沸水500毫升，蜂蜜适量

材料 桂花10克，甘草少许，沸水适量

荷叶茶

做法 将荷叶、炒决明子、玫瑰花放入备好的杯中，用沸水冲泡10分钟，即可饮用。

重点提示 茶叶煮开时最好能闷5~6分钟，这样茶味会更浓。

材料 荷叶3克，炒决明子6克，玫瑰花3朵，沸水适量

荷叶甘草茶

做法 ① 将荷叶洗净切碎。②将所有材料放水中煮10余分钟，滤去荷叶渣，加适量白糖即可。

重点提示 浸泡甘草的时间可以稍微久一点，以使茶的味道更浓。

材料 鲜荷叶100克，甘草5克，白糖少许，水适量

荷叶瘦身茶

做法 ① 将干荷叶洗干净，放入锅中，加水煮沸后熄火，加盖闷泡约10~15分钟。②滤出茶渣后即可饮用。

重点提示 荷叶先用温水浸泡一下，这样煮出的茶会更香。

材料 荷叶干品5克，水300毫升

芙蓉荷叶消食茶

做法 将荷叶、芙蓉花、绿茶用300毫升沸水冲泡后即可饮用。

重点提示 在挑选材料时，要选用干燥的花叶和茶叶，潮湿的材料有可能已变质。

材料 荷叶3克，芙蓉花2克，绿茶3克，沸水300毫升

（材料）枸杞、白菊花、沸水各适量

∠明目茶

（做法）将备好的枸杞、白菊花放入准备好的茶杯中，用沸水冲泡10分钟即可饮用。

（重点提示）冲好的茶最好及时饮用，以防失去最初的香味。

茉莉洛神茶↘

（做法）①将新鲜洋甘菊洗净，用沸水冲洗；将干燥茉莉花及洛神花冲净。②将做法①中的材料与绿茶茶包一起放入壶中，冲沸水，浸泡约3分钟即可饮用。

（重点提示）花茶宜现泡现喝，否则茶会变质。

（材料）新鲜洋甘菊5朵，干燥茉莉花1小匙，干燥洛神花1朵，绿茶茶包1克，沸水适量

∠茉莉鲜茶

（做法）①将茉莉花用清水洗干净备用。②将洗净后的茉莉花放入杯中，沸水冲泡4~5分钟。

（重点提示）新鲜的茉莉花最好用沸水烫一下，味道会更好。

（材料）茉莉花3~5克，沸水适量

茉莉紫罗兰茶↘

（做法）①将所有干燥花用沸水浸泡再冲净。②将做法①中的材料放入壶中，冲入沸水。③浸泡约3分钟即可饮用。可回冲2次，回冲时需浸泡5分钟。

（重点提示）要选茎叶鲜翠、厚实、叶片完整的紫罗兰。

（材料）干燥茉莉2小匙，干燥紫罗兰3~5朵，沸水适量

材料 泡开后的绿茶250毫升，柠檬汁15毫升，蜂蜜30毫升，冰块适量

⊿泡沫绿茶

做法 ①将冰块放入雪克杯内约2/3满。②绿茶放凉后倒入雪克杯内。柠檬汁倒入杯内，再加入蜂蜜，摇匀即可。

重点提示 好的绿茶泡出的茶汤色是碧绿的，所以挑选茶叶时要注意其质地。

飘香桂花润肤茶⊿

做法 ①用约300毫升的沸水冲泡干桂花和茶叶5分钟。②将大枣加水煎煮成汁，二者混合搅匀即可。

重点提示 选用的桂花应是干燥且有特殊香味的。

材料 绿茶5克，干桂花3克，大枣3个，沸水300毫升，水适量

⊿蒲公英清凉茶

做法 ①将蒲公英洗净，放入锅中备用。②加水煮沸后，转小火再煮约1小时。③趁热去除茶渣，静置待凉后即可饮用。

重点提示 要选用新鲜、无虫洞的蒲公英叶子，以保证茶的清香。

材料 蒲公英75克，水适量

杞菊饮⊿

做法 ①将枸杞子、杭菊花与绿茶包一起放入保温杯。②冲入沸水500毫升，加盖闷15分钟，滤渣后即可饮用。

重点提示 沸水要适量，要保证茶的醇香味。

材料 枸杞子10克，杭菊花5克，绿茶包1袋，沸水适量

┕┚清肝定喘茶

做法 ①将千日红花、冰糖放入壶中，加适量水煎煮。②在水煮至原来的2/3时，转小火再焖一下，加入冰糖。

重点提示 千日红花、冰糖、水的比例要适中。

清凉百草茶 ↘

做法 ①将木芙蓉鲜花加适量的水煎煮。②取汁后加入适量的冰糖溶化，即可饮服。

重点提示 木芙蓉花的煎煮时间不宜过久，煮沸溢出花香即可。

材料 千日红花10朵，冰糖15克，水适量

材料 木芙蓉鲜花30~60克（干花减半），冰糖15克，水适量

┕┚清心明目茶

做法 ①先用热水温杯后，放入菊花与枸杞。②直接加入沸水，约1~2分钟后即可饮用。

重点提示 选用的菊花应是干燥且大朵的，这样泡出的茶香且醇。

清热凉血茶 ↘

做法 ①将干车前草、干凤尾草放入贮备好的杯中。②用沸水冲泡后即可饮用。

重点提示 茶在冲开后盖上盖闷3~5分钟，味道会更浓郁。

材料 菊花、枸杞、沸水各适量

材料 干车前草5克，干凤尾草5克，沸水适量

↙清香安神茶

（做法）①先将生、熟酸枣仁压碎，装入纱布袋中备用。②将纱布袋、茉莉、枸杞放入杯中，用沸水冲泡。③约10分钟后过滤，即可饮用。

（重点提示）花茶现泡现饮，可品出浓郁的花香茶味。

润肤茶↘

（做法）①将材料洗干净，放入茶杯中备用。②倒入沸水，可依个人口味加适量蜂蜜，3分钟后可饮用。

（重点提示）在选材时要避免使用潮湿的花草，以防变质的花草损害人的身体。

（材料）茉莉5克，枸杞10克，生、熟酸枣仁各6克，沸水约500毫升

（材料）洋甘菊2克，紫罗兰2克，蜂蜜、沸水各适量

↙桃花清肠茶

（做法）①用少许沸水冲洗桃花和茶叶。②加沸水冲泡，3分钟后即可饮用。

（重点提示）在将茶用沸水冲泡后可将茶叶取出，以防茶叶浸泡太久，造成涩味而影响茶香。

勿忘我花茶↘

（做法）①先将勿忘我花与红茶包置于茶杯中，以沸水冲开。②加入冰糖或者蜂蜜，搅拌均匀即可。

（重点提示）注意放入蜂蜜的时间，要待沸水温了以后再放入。

（材料）桃花5~8朵，茶叶少许，沸水适量

（材料）红茶包1个，勿忘我花(蓝色)、冰糖、沸水各适量

扫一扫二维码，下载"掌厨"，出现"掌厨"标志和首页后，点击"搜索"标志，输入食材"药茶"，会搜索出85种药茶的做法，并可分别观看视频。

药茶

 渊源

茶文化作为我国独特的本土文化，至今已有5000多年的历史，如今饮茶已不仅限于中国，茶叶与咖啡、可可并列成为世界公认的三大饮料。

相传茶的发现与使用源于神农氏，我国最早的药物学专著《神农本草经》中有"神农尝百草，一日遇七十二毒，得茶而解"的记载，说明古人对茶的保健功能早有认识。

随着生活水平的提高，亚健康在人群中开始肆意蔓延。人们不再是埋头苦干，一切向钱看，而是开始关心身体健康，保健意识也因此逐渐增强。近年来药茶日益兴起，减肥、降脂、降压、健身、解酒、益寿、消暑、开胃等方面的保健药茶应运而生。

实际上，药茶是在茶叶中添加食物或药物制作而成的，具一定疗效的特殊液体饮料。广义的药茶还包括不含茶叶，由食物和药物经冲泡、煎煮、压榨及蒸馏等方法制作而成的代茶饮用品，如汤饮、鲜汁、露剂、乳剂等。

药茶的保健养生作用日益受到人们的重视，要养生，喝些药茶让您的身体更健康。而其味道可口、疗效显著、性味平和而无毒副作用、便于携带等优点，使药茶深得人心。

大黄绿茶

(做法) 将备好的绿茶、大黄用沸水泡10分钟，即可饮用。

(重点提示) 要特别注意大黄的用量，过多的大黄往往会使泡出的茶变得十分苦涩，影响茶的口感。

柴胡祛脂茶

(做法) 将备好的柴胡、绿茶放入洗净的杯中，用300毫升沸水冲泡3分钟后即可饮用。

(重点提示) 要注意，冲好后记得加盖闷一下，这样茶味会更浓。

(材料) 绿茶6克，大黄2克，沸水适量

(材料) 柴胡3克，绿茶2克，沸水适量

╱陈皮姜茶

(做法) 将陈皮、生姜片、甘草、茶叶装入杯中，用沸水冲泡10分钟左右，去渣饮服。

(重点提示) 如果选用的是老姜，则不用去皮，药性会更好。

茯苓清菊消肿茶╲

(做法) 将茯苓磨粉后，混合菊花、绿茶，放入沸水锅中，大约煮30分钟，取出，倒入杯中即可。

(重点提示) 煮茶的时候一定要控制好火候，不能煮太久了。

(材料) 陈皮20克，生姜片10克，甘草5克，茶叶5克，沸水适量

(材料) 菊花5克，茯苓7克，绿茶2克

╱红枣党参茶

(做法) 将党参、红枣洗干净，与茶叶用中火一起煮15分钟即可。

(重点提示) 先将党参、红枣放入水中煮一段时间，再放入茶叶，以利茶叶色香味的发挥。

黄芪红茶╲

(做法) 水煮黄芪，沸后5分钟，加入红茶即可。分3次温饮，每日服1剂。

(重点提示) 茶叶不宜在水中浸泡太久，否则泡出的茶会很涩。

(材料) 茶叶3克，红枣10~20枚，党参20克

(材料) 红茶1克，黄芪15克，水适量

材料 黄芪15克，普洱3克，清水适量

╲黄芪普洱茶

做法 ①把黄芪放入锅中，加入适量清水煮约15分钟。②放入普洱后再一起煮约5分钟即可饮用。

重点提示 茶叶煮后要取出茶叶，这样茶味会更清新可口。

减腹茶╲

做法 ①萝卜削皮切小块，1500毫升的水煮沸后，放入萝卜煮熟。②加入山楂、麦芽、槐花、枸杞再煮15分钟即可。

重点提示 等所有材料煮熟后再闷约5分钟，茶香更浓郁。

材料 山楂2克，麦芽3克，槐花2克，枸杞6克，萝卜1个，水1500毫升

╲降压茶

做法 将松萝切碎，与杭菊花、龙井茶叶一同放入陶瓷茶杯中，用沸水冲泡15分钟即可饮用。

重点提示 便溏者不宜多饮此茶。

材料 松萝3克，杭菊花10克，龙井茶叶3克，沸水适量

重点提示 降脂茶不可隔夜存放回冲，否则营养价值会有所下降。

降脂茶╲

做法 ①将新鲜山楂洗净去核捣烂，连同茯苓放入砂锅中，煮沸10分钟左右滤去渣。②用①中的汁泡槐花，加糖少许，温服。

材料 新鲜山楂30~50克，槐花6克，茯苓10克，糖少许

◤两山柳枝茶

(做法) 将鲜柳枝(带叶)洗净，切碎，与山楂、淮山一同放入砂锅内，用水煎2次，去渣，取汁后混匀，代茶饮用。

(重点提示) 两山柳枝茶可回冲2~3次，但不可隔夜。

(材料) 山楂、淮山各10克，鲜柳枝(带叶)90克，水适量

清咽茶◥

(做法) ①将干柿饼放入小茶杯内盖紧，隔水蒸15分钟后切片。②罗汉果洗净捣烂，与胖大海、干柿饼一同放入陶瓷茶杯，沸水冲入，盖5分钟后饮用或含服。

(重点提示) 罗汉果先用沸水泡一遍比较好。

(材料) 干柿饼10~15克(勿洗)，罗汉果10克(或1枚)，胖大海1枚，沸水适量

◤蜜醋润颜散寒茶

(做法) ①蜂蜜、姜汁、醋放入杯中搅拌均匀后，倒入5倍量的纯净水。②绿茶用沸水冲泡，随后两者合并即可饮用。

(重点提示) 绿茶冲泡完后把茶叶取出，避免浸泡过久口感变涩。

(材料) 蜂蜜5克，醋10克，姜汁2克，绿茶2克，沸水适量

养颜茶◥

(做法) 将灵芝、玉竹、麦冬用沸水冲泡10分钟即可饮用。

(重点提示) 麦冬以表面乳白色、质较坚硬，有香气，味淡，有黏性的为佳。

(材料) 灵芝、玉竹、麦冬、沸水各适量

∠三味乌龙降脂茶

做法 ①先将冬瓜皮、何首乌、山楂混合，加水煮沸后，去除残渣。②在汁液中加入已冲泡好的乌龙茶，再泡5分钟即成。

重点提示 在选购冬瓜皮时要选体轻、质脆、无臭、味淡的为佳。

山楂绿茶饮↘

做法 ①将山楂片洗净。②将绿茶、山楂片放入锅中，加入适量的清水煮沸即可。

重点提示 孕妇不适宜饮用此茶。

材料 乌龙茶4克，何首乌5克，冬瓜皮6克，山楂5克

材料 山楮片25克，绿茶2克，清水适量

∠酸溜根茶

做法 将备好的山楂、荠菜花、玉米须、茶树根碾成粗末，煎成汤后取汁饮用即可。

重点提示 荠菜花应选干燥、颜色呈黄绿、气味清香、味淡的为好。

丹参减肥茶↘

做法 ①将丹参、陈皮、赤芍、何首乌先用消毒纱布包起来。②把做好的药包放入装有500毫升沸水的茶杯内。③盖好茶杯，约5分钟后即可饮用。

重点提示 选购赤芍时宜挑表面棕褐色，粗糙的为佳。

材料 山楂、荠菜花、玉米须、茶树根各10克

材料 丹参2克，陈皮1克，赤芍1克，何首乌2克，沸水适量

第六章
多彩饮品

　　近年来，深受大众喜爱的咖啡、奶茶以及夏季消暑解渴的奶昔、圣代和果醋的品种花样层出不穷，给忙碌的生活增添了许多活力和色彩。很多人选择在家自制各种饮品，本章将为您介绍当下最受欢迎的饮品做法，简单易学，让您足不出户就能享受生活的缤纷多彩。冰激凌、冰沙、雪泡、刨冰、冰棒等，每一种都透出冰爽的感觉，每一样都让人无法抗拒，都能让您充分体验到夏日冰点冷饮的阵阵凉爽。

扫一扫二维码，下载"掌厨"，出现"掌厨"标志和首页后，点击"搜索"标志，输入食材"咖啡"，会搜索出12种咖啡的做法，并可分别观看视频。

咖啡

功效

品茶雅致，品咖啡则是种情调。

每当提起咖啡，我们似乎总能联想到氤氲的空气中，飘荡着空灵的声线，让人无比惬意。

众所周知，咖啡是由咖啡豆磨制成粉，用热水冲泡而成的饮品。其味苦，却有一种特殊的香气，是西方人的主要饮料之一。

它原产于非洲热带地区，如今在中国云南、广东等省亦有咖啡植株栽培，其种子称"咖啡豆"，炒熟研粉可做饮料，即咖啡。

咖啡与茶、可可被称为"世界三大饮料"，是人们平日普遍钟爱的饮品之一。咖啡的独特之处在于咖啡因有刺激中枢神经或肌肉的作用，可帮助提高工作效率，使头脑反应灵敏；还能缓解头痛，也有助于消化。

但咖啡不宜饮用过多，摄取过多会导致咖啡因中毒，一天以2~3杯为宜；喝咖啡的时间也有讲究，最好是在餐后，切忌空腹喝咖啡。

咖啡并非单一的品种，有美式咖啡、拿铁、卡布奇诺、摩卡、焦糖玛奇朵等众多知名品种，深受饮者喜爱。

└ 德式咖啡

做法 ①将咖啡煮好后倒入杯中。②挤上一层鲜奶油，淋上蜂蜜，撒上盐即成。

重点提示 水烧滚以后静置1~2分钟后，再用来冲煮咖啡。

材料 综合咖啡120毫升，鲜奶油适量，蜂蜜15毫升，盐少许

卡布奇诺咖啡 ⌐

做法 ①将鲜奶加热后打成奶泡。②将意大利咖啡煮好倒入杯中。③奶泡以酒吧长匙挖约60毫升入杯中。④柠檬皮切末，撒在奶泡上，再撒入少许玉桂粉即成。

重点提示 用意大利咖啡做底液。

材料 意大利咖啡120毫升，全脂鲜奶200毫升，柠檬皮1小块，玉桂粉少许

╱玫瑰浪漫咖啡

做法 ①将蓝山咖啡倒入到杯中7~8分满。②上放适量的方糖和玫瑰花。③淋上少许白兰地，点上火即可。

重点提示 花瓣要新鲜，以保证咖啡的芳香。

材料 蓝山咖啡1杯，白兰地少许，玫瑰花1朵，方糖1块

爱因斯坦咖啡╲

做法 ①杯中放碎冰，将意大利浓苦咖啡注入杯中，上面旋转加入一层鲜奶油。②撒上削片巧克力屑，附糖包上桌。

重点提示 煮咖啡时注意风向，勿让风直吹火源。

材料 意大利浓苦咖啡200毫升，鲜奶油、削片巧克力、碎冰、糖包各适量

╱热情咖啡

做法 ①热咖啡1杯约7分满，上放1片柠檬片。②淋入白兰姆酒。③点火上桌，并附上糖包即可。

重点提示 要注意柠檬片一定要切得薄，且在杯中不可泡太久。

材料 热咖啡1杯，柠檬片、白兰姆酒（Rum）各适量，糖包1个

墨西哥冰咖啡╲

做法 ①先在杯中放少许冰块，再加入冷咖啡和雪糕。②将蛋黄加入杯中，再加入奶油。③将白兰地、咖啡甜酒一起放入杯中，做上少许装饰即可。

重点提示 咖啡和甜酒的比例要适中。

材料 冷咖啡100毫升，白兰地、奶油、咖啡甜酒、蛋黄、冰块、雪糕各适量

∠鲜果咖啡

做法 ①将冰块加入杯中；将咖啡豆煮好成咖啡水，加入冰块中。②倒入雪糕；挤进鲜奶油；加入水果粒即可。

重点提示 水果要新鲜，要现做现喝。

材料 咖啡豆30克，香草雪糕1个，苹果、猕猴桃各20克，鲜奶油50克，冰块适量

俄罗斯咖啡↘

做法 ①冷咖啡、朱古力糖浆、牛奶入榨汁机。②蛋打破，取蛋黄，放入榨汁机中，搅匀。③玻璃杯中放碎冰，注入搅匀的冷咖啡、糖浆、牛奶、蛋黄，然后放入冰激凌。

重点提示 咖啡要搅匀。

材料 冷咖啡150毫升，朱古力糖浆、牛奶、碎冰、冰激凌各适量，鸡蛋1个

∠牙买加冰咖啡

做法 ①加入冰咖啡4分满，再加入冰块和糖浆。②加入球状冰激凌。③将葡萄干放在冰激凌上即可。

重点提示 咖啡不能再煮第二次，否则就没有咖啡的味道了。

材料 冰咖啡100毫升，糖浆5克，冰激凌球1个，葡萄干、冰块各适量

英国姜咖啡↘

做法 ①将深焙的冷咖啡、姜汁、雪糕一起放入榨汁机中搅匀。②将原材料搅成汁后取出，倒入杯中，放入碎冰。③上面放上姜片和桂皮粉做装饰。

重点提示 咖啡、姜汁和雪糕要充分搅匀。

材料 深焙的冷咖啡150毫升，香草雪糕1勺，桂皮粉少许，姜汁、碎冰各适量

⌐ 美式摩加冰咖啡

做法 ①在杯底倒入适量的朱古力糖浆。②将准备好的牛奶倒入杯中，再放入冰块。③将咖啡加入即可。

重点提示 朱古力糖浆的比例要适中。

奶油咖啡 ⌐

做法 ①将咖啡力乔酒、君度倒入杯中，再注入热咖啡。②加上鲜奶油及橙皮即可。

重点提示 奶油要新鲜，这样才能使泡出的咖啡更加香醇。

材料 深焙的冷却咖啡150毫升，朱古力糖浆20毫升，泡沫牛奶、冰块各适量

材料 咖啡力乔酒20克，君度14克，热咖啡120克，鲜奶油少许，橙皮适量

⌐ 艾迪古巴冰咖啡

做法 ①杯中先放入8分满的碎冰，再倒入已加糖的冰咖啡和棕兰姆酒。②上面再旋转加入一层鲜奶油，并挤上巧克力糖浆即可。

重点提示 咖啡和酒入杯后要搅匀。

玛查格兰咖啡 ⌐

做法 ①将红葡萄酒温热。②倒入半杯热咖啡。③随即放入1片柠檬片、1支肉桂棒，附糖包上桌即可。

重点提示 勿将柠檬片在杯中浸泡太久，红葡萄酒只需温热即可。

材料 冰咖啡200毫升，棕兰姆酒15毫升，鲜奶油、巧克力糖浆、冰块各适量

材料 热咖啡半杯，红葡萄酒适量，柠檬片1片，肉桂棒1支，糖包1包

材料 蜂蜜、鲜奶油各20毫升，冰咖啡200毫升，香草及草莓冰激凌、冰各适量

◢彩虹冰咖啡

做法 ①杯中先放入蜂蜜，再加碎冰至七分满。②倒入已加糖的冰咖啡，上加一球香草冰激凌，挤入一层鲜奶油，再加一球草莓冰激凌即可。

重点提示 做咖啡时咖啡粉和配水量的比例要适宜。

法兰西冰咖啡◥

做法 ①杯中先放入已加糖的冰咖啡。②加奶精和适量白兰地。③加满冰块搅拌均匀即可。

重点提示 最好是在咖啡烧好后马上饮用，否则泡沫会被破坏。

材料 冰咖啡1杯，奶精10克，白兰地、冰块各适量

材料 咖啡120毫升，果糖30毫升，白兰地、奶油、冰、棉花糖、巧克力各适量

◢伊甸园冰咖啡

做法 ①咖啡煮好，加入果糖搅拌，冷却备用。②将冰倒入杯中，再倒入咖啡和白兰地酒。③挤上一层奶油，加棉花糖、巧克力即可。

重点提示 煮完咖啡的过滤布要洗净，以免有油垢味。

密思梅咖啡◥

做法 ①蜂蜜倒入容器中。②倒入热咖啡，加入鲜奶油。③撒上话梅粉，附上糖包即可。

重点提示 水烧滚以后静置下再用来冲煮咖啡。

材料 热咖啡200毫升，糖包1包，蜂蜜10毫升，鲜奶油适量，话梅粉30克

∠浓情冰咖啡

(做法) ①先在容器中倒入已加糖的意大利冰咖啡，再倒入香草香甜酒，鲜奶和冰块。②拌匀后倒入杯中，再旋转加一层鲜奶油。③撒上少许玉桂粉即成。

(重点提示) 用以舀咖啡的匙要擦拭干净，勿留水分。

日式爪哇冰咖啡﹨

(做法) ①在杯底放入冰，再放入切成块的咖啡果冻。②将咖啡、牛奶一起注入杯中。③将雪糕和朱古力屑、朱古力糖浆先后放入杯中。

(重点提示) 咖啡和牛奶的比例要适中。

(材料) 意大利冰咖啡1杯，香草香甜酒、鲜奶、冰块、鲜奶油、玉桂粉各适量

(材料) 冷咖啡70毫升，雪糕1个，咖啡果冻、牛奶、朱古力糖浆和屑、冰各适量

∠茴香起泡奶油咖啡

(做法) ①在热咖啡中加入茴香利口酒。②旋转加入一层鲜奶油，附上糖包即可。

(重点提示) 注意茴香利口酒的分量要正好，不可以随性多加。

神秘三重奏﹨

(做法) ①咖啡煮好倒入爱尔兰杯中。②淋上贝礼斯奶酒及君度橙酒，挤上一层鲜奶油，中央略尖。③放上柳橙片即成。

(材料) 热咖啡200毫升，茴香利口酒30毫升，鲜奶油20毫升，糖包1个

(重点提示) 冲煮咖啡的水温以92~96℃为宜。

(材料) 咖啡120毫升，贝礼斯奶酒25毫升，君度橙酒15毫升，鲜奶油适量，柳橙1片扫一扫二维码，下载"掌厨"，出现"掌厨"标志和首页后，点击"搜索"标志，输入食材"奶茶"，会搜索出**12种奶茶的做法**，并可分别观看视频。

奶茶

功效

说到醇香浓郁，你是否自然而然地想到奶茶？奶茶这种饮品，光是将名字从唇齿间吐出，就有种温暖的感觉。

奶茶，顾名思义，牛奶与茶的融合，自然汇聚奶气和茶香于一体。它兼具牛奶和茶的双重营养，是大众美食之一，风行世界。在中国、印度、英国、新加坡、马来西亚等世界各地，都有奶茶的芳香。如印度奶茶，以加入玛萨拉的特殊香料闻名；香港奶茶则以丝袜奶茶最受称道。

闲暇之时，细细品味一杯香醇可口的奶茶，不失为一种缓解压力、享受生活的方式。然而，品味奶茶的优劣以茶色、香气、形态和味道四个方面进行，而且需要细细品尝，才能够体会到其味道之美。首先将奶茶吸入口中，停留几秒；享受一股清凉或热呼呼的感觉。最后再缓缓咽入喉；直抵脾胃。

奶茶是我们日常生活中最常见的饮品，受到很多人的青睐，那是因为奶茶可去油腻、助消化、益思提神、消除疲劳，但同时具有脂肪高、热量高的特点，过多摄入会导致肥胖，对身体也不利。

材料 奶精10克，红茶适量，奶茶精5克，果粉5克，糖少许，珍珠少许

珍珠奶茶

做法 ①将奶精放在杯子中用少量热红茶融化，并加入奶茶精、果粉、糖。②珍珠用小火煮至变大变软。③将珍珠放入杯中即可。

重点提示 煮熟后的珍珠用凉水冲洗。

皇家奶茶

做法 ①将冰块放入杯内约2/3。②倒入冲泡已凉的伯爵茶。③放进砂糖及奶精，摇匀即可。

重点提示 如果你想茶味更浓一点，可适当多加点伯爵茶。

材料 伯爵茶250毫升，奶精3大匙，砂糖2匙，冰块适量

◣南洋椰风冰奶茶

【做法】①沸水浸泡茶包。②取出茶包后加奶精溶解待用。③雪克杯加冰块，倒入茶汤及果露，摇匀。④将液体滤出到装有冰块的杯中，挤上鲜奶油即可。

【重点提示】茶包浸泡的时间不宜过长。

茉莉冰奶茶◥

【做法】①茉莉茶包加沸水浸泡5分钟后取出。②加入奶精、冰块、香蕉果露拌匀。③将液体滤出，倒入装有冰块的杯中，挤上鲜奶油，加入香蕉片即可。

【重点提示】好的茉莉花茶泡出的茶色黄绿明亮。

【材料】锡兰红茶包2包，奶精2匙，椰子果露30毫升，鲜奶油、沸水、冰块、果露各适量

【材料】茉莉茶包1包，奶精2匙，香蕉果露、鲜奶油、香蕉片、冰块、沸水各适量

◣鸳鸯奶茶

【做法】①红茶包放入杯子，冲入沸水冲泡10分钟后取出，倒入100毫升牛奶调匀成奶茶。②将速溶咖啡粉倒入另一杯子，冲入沸水调匀。③将咖啡倒入奶茶中，再加砂糖调匀。

【重点提示】牛奶要适量。

花生奶茶◥

【做法】①将红茶包放入容器中，注入沸水，10分钟后取出茶包。②放入花生粉、鲜牛奶和蜂蜜，调匀即可。

【重点提示】茶包不要浸泡太久，否则冲出来的茶味道会很涩。

【材料】牛奶100毫升，袋泡红茶1包，速溶咖啡粉、砂糖各10克，沸水适量

【材料】花生粉8克，鲜牛奶200毫升，蜂蜜30毫升，红茶包2个，沸水适量

扫一扫，直接观看
薄荷奶茶的制作视频

∠ 姜汁奶茶

做法 ①把姜切成碎末，倒入杯中。②将牛奶煮至80℃，倒入杯中。③加红茶浸泡一段时间，待姜的味道散发出来，加适量白糖调匀即可。

重点提示 鲜奶和茶的比例要适中，茶不要过浓。

薰衣草奶茶 ↘

做法 ①将牛奶加热备用。②在牛奶中加入热红茶调匀。③加入白砂糖搅拌均匀，撒入薰衣草即可。

重点提示 加热牛奶时注意温度的高低和加热的时间，不要煮得太久。

材料 牛奶150毫升，红茶1包，生姜、白糖各适量

材料 牛奶100毫升，薰衣草10克，热红茶20毫升，白砂糖50克

∠ 刚果雪糖奶茶

做法 ①钢杯中加入鲜奶、茶包，以意式咖啡机之蒸气管加热，少许发泡。②倒入已预热的马克杯中，加果露拌匀饰以棉花糖即可。

重点提示 鲜奶和茶的比例要适中，茶不要过浓。

冰可可奶茶 ↘

做法 ①茶包入杯，注入热开水，加盖浸泡。②取出茶包，再加奶精溶解；雪克杯装冰块，倒入茶汤及果露，摇均匀。③将液体滤出倒入装有冰块的杯中，挤上鲜奶油即可。

重点提示 茶包别泡太久。

材料 阿萨姆茶包1包，鲜奶300毫升，香蕉果露20毫升，棉花糖适量

材料 锡兰红茶2包，奶精2匙，巧克力果露30毫升，鲜奶油、热开水各适量

⊿北海道冰奶茶

（做法）①开水冲泡茶包。②取出茶包并加入奶精溶解待用。③杯中装入适量冰块，倒入茶汤，摇均匀。④将液体倒入装有冰块之杯中，挤上鲜奶油。

（重点提示）牛奶茶包可用一般的鲜奶替换。

（材料）焦糖牛奶茶1包，奶精2匙，鲜奶油、冰块各适量

玫瑰奶茶⊿

（做法）①将红茶包与玫瑰花放入壶中，加适量热水冲开。②当红茶和玫瑰花泡开后，加入适量蜂蜜。③最后根据自己的口味加入适量牛奶调匀即可饮用。

（重点提示）选用干燥的玫瑰花瓣为好。

（材料）红茶1包，玫瑰花5克，蜂蜜、牛奶各适量

⊿祛寒姜汁奶茶

（做法）①取清水，放入老姜片，煮沸后倒入装有茶包的白瓷壶中，加盖浸泡后加入奶精粉。②量取黑糖姜母汁，倒入壶中搅匀即可。

（重点提示）姜不宜多，否则会冲淡奶味。

（材料）英式早餐茶包1包，老姜3片，黑糖姜母汁60毫升，奶精粉2匙，清水适量

香草榛果冰奶茶⊿

（做法）①开水冲泡茶包。②取出茶包后加奶精溶解。③雪克杯装冰块，倒入茶汤及果露，摇匀。④将液体滤出倒入装有冰块的杯中，挤上鲜奶油。

（重点提示）奶油不宜放太多。

（材料）香草坚果牛奶茶1包，奶精2匙，榛果果露30毫升，鲜奶油、冰块各适量

扫一扫二维码，下载"掌厨"，出现"掌厨"标志和首页后，点击"搜索"标志，输入食材"奶昔"，会搜索出8种奶昔做法，并可分别观看视频。

奶昔

功效

较之奶茶，奶昔似乎就像待字闺中的小妹，尚未被人熟知，或者说是带着奶茶的光环，使二者被"傻傻分不清楚"。现在就让我们为其正名：奶昔，英文为Milk shake。生于欧洲，主要有"机制奶昔"和"手摇奶昔"两种。传统奶昔是机制的，一般都是在快餐店、冷食店出售，店里的奶昔机现做现卖，顾客现买现饮。在

快餐店里，多数是使用大型落地式奶昔机，通常出售香草风味、草莓风味和巧克力风味三种。

随着各类饮品店如雨后春笋般地涌现，奶昔等一类饮品也逐渐被人们所熟知，而要究其原因，就不得不提它的独特之处：

第一，奶昔不仅有着牛奶的浓香，也有冰激凌的甜蜜和冰爽，是许多人在夏天补充营养和能量的首选之一。

第二，奶昔中含丰富的营养，能促进新陈代谢，调节内分泌，能使我们精力更充沛，皮肤更有光泽。

第三，奶昔中经常添加的各种水果，不但丰富了奶昔的口感，水果中富含的多种维生素还保证其营养。

不胜枚举的优点让人们对其爱不释手。

╱香蕉奶昔

(做法) ①香蕉去皮，切成五等份。②在果汁机内放入香蕉、酸奶、鲜奶，搅打均匀。③将香蕉奶昔倒入杯中即可。

(重点提示) 把香蕉冷藏保存，容易变色、腐烂，最好在常温下存放。

芒果奶昔╲

(做法) ①将芒果用水洗净，去果核，切块。②在榨汁机内放入鲜奶、芒果和酸奶，搅匀。③把芒果奶昔倒入杯中即可。

(重点提示) 应选择那些没有黑斑、表面光滑且新鲜的芒果。

(材料) 香蕉200克，酸奶50毫升，鲜奶100毫升

(材料) 芒果200克，鲜奶100毫升，酸奶50毫升

∠香蕉巧克力奶昔

做法 ①在搅拌机里，搅碎备好的牛奶、巧克力、香草冰激凌和香蕉。②倒入洗净的杯子中，装饰后即可饮用。

重点提示 搅打时最好用低速度搅打30秒钟。

材料 巧克力300克，香草冰激凌球1个，香蕉200克，牛奶300毫升

香蕉杏仁鳄梨奶昔↘

做法 ①香蕉去皮，切成小块；用温水浸泡杏仁后去皮。②鳄梨去核、去皮，切成小块。③将所有材料放入榨汁机内，搅打均匀即可。

重点提示 在鳄梨的断面涂上柠檬汁，能预防变色。

材料 香蕉100克，杏仁30克，鳄梨1/2个，酸奶50毫升，鲜奶100毫升

∠白巧克力奶昔

做法 ①榛果炒熟，保留2匙；巧克力保留2匙，剩余的与牛奶加热搅拌，倒出放凉。②把非预留的材料混合搅打，倒入杯中，撒上预留的榛果和巧克力。

重点提示 巧克力入盆加热融化，以保证营养。

材料 剥皮的榛果90克，香草冰激凌4大勺，牛奶、白巧克力、肉豆蔻各适量

迷迭香杏仁奶昔↘

做法 ①迷迭香嫩枝混合400毫升牛奶慢火加热。②倒入榨汁机，加杏仁搅打，香草冰激凌挖出后放入一起搅拌至完全混合。

重点提示 榨汁机搅匀的时间不宜过长。

材料 迷迭香嫩枝4枝，全脂牛奶400毫升，杏仁50克，香草冰激凌1大匙

扫一扫二维码，下载"掌厨"，出现"掌厨"标志和首页后，点击"搜索"标志，输入食材"圣代"，会搜索出1种圣代的做法，并可观看视频。

圣代

功效

说到快餐，肯德基和麦当劳总能第一时间出现在我们的脑海中。而炎炎夏日，那香甜醇厚的圣代，无不吸引着每一个吃货。

圣代分为英式和法式两种。英式的圣代冰激凌平放在玻璃杯或玻璃碟中，加新鲜果品和鲜奶油、红绿樱桃、华夫饼干做成；而法式的圣代冰激凌又称为巴菲，与英式的区别是，

一般用桶形高身有脚玻璃杯作为容器，还加入红酒或糖浆制成。

圣代区别于一般的冰激凌，就在于它们上面大多浇上了水果酱或糖浆，有时也会放上一些碎坚果、巧克力末、奶油、马拉斯奇诺樱桃等。

除此外，它还拥有着属于自己的饶有趣味的故事。圣代的名称起源于美国，据说，圣代是威斯康辛州的一个冰激凌店主发明的，他把樱桃浆浇在冰激凌上，并放上一颗糖腌樱桃卖给顾客。一开始，这种混合冰激凌只在星期天有卖，所以店主为其取名为"Sunday"。可星期日是耶稣的安息日，教会认为用这一天作商品名是对神明的亵渎，于是"Sunday"改名为"Sundae"，一直沿用至今。

╱黑森林圣代

(做法) ①西瓜切丁放入杯中，放入巧克力冰激凌。②用奶油挤花样，把红、黑樱桃放在奶油上，撒上葡萄干即可。

(重点提示) 葡萄干最好选择粒小但是结实一点的，口感比较好。

综合水果圣代╲

(做法) ①将西瓜、部分菠萝片切丁，放入杯内，加入冰激凌球。②杯内再加入鲜奶油、樱桃、绿橄榄、菠萝片加以装饰即成。

(重点提示) 家庭中可直接购买巧克力酱及各种果酱制作圣代。

(材料) 巧克力冰激凌300克，黑、红樱桃各2颗，葡萄干、奶油、西瓜各适量

(材料) 冰激凌球2个，西瓜、樱桃、绿橄榄、菠萝片、鲜奶油各适量

⊿櫻桃圣代

做法　①水果丁放在高脚杯里，取香草冰激凌放在水果丁上。②用奶油挤花样，顶端放红樱桃、绿樱桃围一圈，加入少许棉花糖，淋巧克力沙司。

重点提示　樱桃去核时可沿着樱桃身上一道沟掰开。

巧克力圣代⊿

做法　①将水果丁放入杯中，加巧克力雪糕。②用奶油挤花样，在顶端摆上红樱桃，加棉花糖，淋巧克力沙司即可。

重点提示　取水果丁时，要沥干水分。

材料　水果罐头1罐，香草冰激凌、红樱桃、绿樱桃、棉花糖、巧克力沙司、奶油各适量

材料　水果罐头1罐，巧克力雪糕和沙司、红樱桃、棉花糖、奶油各适量

⊿草莓圣代

做法　①打开水果罐头，取出里面的水果丁放入杯中，取草莓冰激凌放在水果丁上。②用奶油挤花样，将草莓摆放在奶油旁，加入少许棉花糖即成。

重点提示　草莓切小块后再放在奶油旁。

夏威夷圣代⊿

做法　①将什锦水果丁放在高脚杯里，香草冰激凌放在水果丁上。②菠萝去皮后切片，取4片放在冰激凌四周，用奶油挤花样即可。

重点提示　如果嫌奶油太腻，可以加入优酪乳。

材料　水果罐头1罐，草莓冰激凌300克，新鲜草莓100克，棉花糖、奶油各适量

材料　什锦水果罐头1罐，菠萝100克，香草冰激凌300克，奶油少许

扫一扫二维码，下载"掌厨"，出现"掌厨"标志和首页后，点击"搜索"标志，输入食材"冰激凌"，会搜索出2种冰激凌的做法，并可分别观看视频。

冰激凌

功效

冰激凌，又称冰淇淋、雪糕、奶糕、豆糕和炒冰块等等，但制作方法不外乎用乳或乳制品、蛋或蛋制品、甜味剂、香味剂、稳定剂及食用色素作原料，经混合、灭菌、均质、老化、凝冻、硬化等工艺而制成的体积膨胀的冷冻食品，是夏令饮品的重要组成部分。

工业制成的冰激凌一般是将混合好的冰激凌液体注入置于冰盐混合物的模具中，冰盐混合物在融化的过程中，将吸收大量的热，可以很方便地将已经制好的液体冷冻成冰激凌。

冰激凌味道宜人，种类繁多，细腻滑润，凉甜可口，色泽多样，不仅可帮助人体降温解暑，提供水分，还可为人体补充一些营养，因此在炎热季节里备受青睐。夏天没有胃口时，食用冰激凌是一个补充体力、降低体温的好方法，夏季食用特别解渴解暑。尤其对小朋友来讲，更是抵挡不住的诱惑。聪明的妈妈能在小朋友不吃饭时，偶尔改变方式以冰激凌取代饮食，同样能让孩子摄取营养和热量，那漂亮的颜色又能让人产生食欲。

那么，还在等什么，跟随我们一起开始冰激凌之旅吧！

╱ 西红柿冰激凌

做法 ①先在杯中放入冰块，依次加入西红柿汁、白糖浆。②搅拌调匀后放入草莓冰激凌球即可。

重点提示 将圆形冰激凌铲子用热水烫一下再舀，就能取出漂亮的球形。

奶油冰激凌 ╲

做法 ①在鲜奶油中加入白糖，搅拌。②蛋清、蛋黄和香草粉充分混合。③放入鲜奶油中继续搅拌，冷冻至凝固即可。

重点提示 蛋清、蛋黄用沸水搅拌。

材料 西红柿汁100毫升，草莓冰激凌球1个，白糖浆10毫升，冰块适量

材料 鲜奶油200毫升，白糖、香草粉各适量，蛋清50克，蛋黄1个

└─色彩冰激凌

做法 ①先将备好的哈密瓜、香草味冰激凌球放入盘中。②挤入鲜奶油，再加入巧克力棒、朱古力豆即可。

重点提示 冰激凌取出后非常容易融化，最好是现做现食。

材料 哈密瓜、香草味冰激凌球、巧克力棒、鲜奶油、朱古力豆各适量

香蕉冰激凌┑

做法 ①柠檬挤汁；白糖加水，煮沸过滤。②香蕉去皮捣成泥，加糖水和柠檬汁调匀。③冷后拌入奶油，冷冻即成。

重点提示 可将柠檬用榨汁机榨汁，更省时省力。

材料 香蕉500克，柠檬1个，奶油450毫升，白糖350克

└─柳橙冰激凌

做法 ①柳橙果肉捣碎，榨汁。②入冷冻库，待果汁开始凝固取出，以橡皮刀搅散。③入炼乳及鲜奶油拌匀，再入香橙利口酒混合，冷冻即可。

重点提示 选用新采摘的柳橙，味道更佳。

材料 柳橙3个，炼乳100毫升，鲜奶油100毫升，香橙利口酒1大匙

蜜红豆冰激凌┑

做法 ①蜜红豆加水煮熟，晾凉。②将蜜红豆盛入碗底，铺锉冰，淋抹茶酱，再放3球抹茶冰激凌。③碗内排入剩下的蜜红豆，淋上抹茶酱即可。

重点提示 做好后要密封在盒里。

材料 蜜红豆100克，抹茶冰激凌3球，抹茶酱、锉冰、水各适量

∠欧陆冰激凌

做法 ①将备好的西瓜丁放入碟内，在西瓜丁上摆上冰激凌球。②以苹果片、奶油、果酱加以装饰即可饮用。

重点提示 如果没有苹果，也可用菠萝、香蕉、猕猴桃等软水果代替。

芒果冰激凌↘

做法 ①蛋黄与砂糖打发，加玉米粉、牛奶拌匀。②加热至稠状，熄火后将芒果泥、柳橙汁拌入并搅匀，放凉后入打发的奶油，冷冻成型即可。

重点提示 加煮过的芒果泥更美味。

材料 冰激凌球3个，苹果片、西瓜丁、奶油、果酱各适量

材料 芒果泥300克，柳橙汁、牛奶、蛋黄、砂糖、玉米粉、奶油各适量

∠柠檬冰激凌

做法 ①柠檬挤汁，柠檬皮捣烂。②白糖加水和柠檬皮煮成糖水，过滤。糖水加蛋黄打发起泡，入水淀粉，加热后晾凉，加柠檬汁和奶油调匀冷冻。

重点提示 水淀粉要边搅拌边加入。

暖风冰激凌↘

做法 ①杯内先放入黄桃丁，再加入冰激凌球，四周挤一层鲜奶油。②加入鲜杨梅，插入巧克力棒即可。

重点提示 黄桃丁尽量切小块，更方便食用。

材料 柠檬1个，奶油200毫升，水淀粉10克，蛋黄3个，白糖少许

材料 香草冰激凌球1个，黄桃丁、鲜杨梅、巧克力棒、鲜奶油各适量

╲夏日黄金梦

【做法】①芒果取肉切块，放入搅拌机内，加冰块、糖水打匀，入杯内。②杯中加香草冰激凌球，撒彩色果糖即可。

【重点提示】水分含量太大的冰激凌化得很快，可适量多加点彩色果糖。

异国风情╲

【做法】①杯内加入白巧克力棒，再加入香芋冰激凌球。②冰激凌球上加入果仁、奶油、巧克力酱、巧克力饼干即可。

【重点提示】把巧克力酱稀释一下更佳。

【材料】香草冰激凌球1个，芒果、冰块、彩色果糖、糖水各适量

【材料】香芋冰激凌球2个，果仁、奶油、巧克力酱及饼干、白巧克力棒各适量

╲可可冰激凌

【做法】①鲜牛奶与可可粉搅拌成可可牛奶。②蛋黄加白砂糖拌匀，再把煮沸的可可牛奶倒入糖与蛋黄的混合物中，冷却后倒入容器内冷冻，其间搅拌几次。

【重点提示】搅拌时要往一个方向搅。

薄荷冰激凌╲

【做法】①锅中加砂糖和牛奶，加热。②将鸡蛋清和玉米粉搅匀，放入牛奶中。③边搅边加热，稍熬后晾凉，滴入薄荷香精，凝冻，凝冻时注意搅拌。

【材料】可可粉200克，鲜牛奶500毫升，白砂糖80克，蛋黄1个

【重点提示】吃前先冷藏一会再品食。

【材料】牛奶400毫升，蛋清50克，砂糖150克，玉米粉10克，薄荷香精少许

扫一扫二维码，下载"掌厨"，出现"掌厨"标志和首页后，点击"搜索"标志，输入食材"冰沙"，会搜索出3种冰沙的做法，并可分别观看视频。

蔬果汁6000例

冰沙

功效

　　如果说冰激凌是一种甜腻滑润的享受，那么冰沙则物如其名，是略带质感，绵软细腻的。

　　坐在高脚凳上，来一杯冰沙，缓缓搅动杯中吸管，看着杯中的小冰粒细腻如水般地滑动，让人不忍心破坏这种意境，却也无法控制美食的诱惑。对，这就是冰沙的独特魅力所在。

　　冰沙是夏季的一种凉饮，属于降暑佳品。它是用刨冰机刨碎的冰粒再加上佐料调制而成的。而另一种日益流行起来的高级冰沙饮料——沐昔，则是由纯天然水果和冰块为原料，用沙冰机高速将水果与冰块打碎搅拌而成，色泽鲜美，味道凉爽甘甜，果味纯厚，口感细腻，也经常加有牛奶、冰激凌，或酸奶等乳制品，使口感更为滑润香醇。

　　冰沙不单单只演变出沐昔这一种新吃法，还可以"炒"着吃，这样制作出来的冰沙又称为"绵绵冰"或"炒冰"。制作时要用锅铲将冷却桶内的糖水不断地炒，直到糖水慢慢凝结成绵绵状，最后才将绵绵冰取出放入保温冰筒。

　　可见，冰沙是一种解暑佳品，更是一种健康生活的标志。

∠荔枝杨桃冰沙

做法 ①荔枝去壳、核，切成块，杨桃洗净切丁，加糖和水搅拌，冷冻。②将冰块打碎成细沙；将鲜奶和荔枝、杨桃打成糊状浇在冰沙上即可。

重点提示 选用色泽鲜红的荔枝更佳。

材料 荔枝、杨桃各150克，砂糖100克，冰块适量，鲜奶100毫升

红豆牛奶冰沙∖

做法 ①将水煮红豆及牛奶倒入盆中，充分拌匀。②放入冷冻库大约2小时。③待凝固后，以木勺将红豆冰由底部往上翻，再盛入容器中。

材料 水煮红豆（罐装）120克，牛奶350毫升

重点提示 牛奶可以适当多加一些。

╱菠萝酸奶冰沙

（做法）①罗勒撕成碎片；菠萝削皮切半去硬心，切块，与罗勒、香草打汁，冷藏。②果汁入杯中，加入酸奶冰即可。

（重点提示）菠萝切块后用盐水浸泡一会，这样可去除涩味。

芒果冰沙╲

（做法）①将芒果去皮切成小块。②将冰块、鲜奶、糖水和芒果块放入冰沙机中打成冰沙，倒入杯中即可。

（重点提示）除了可用芒果制作外，还可以使用芒果酱，但不需加糖水。

（材料）罗勒25克，菠萝1颗，香草4匙，柠檬口味酸奶冰少许

（材料）芒果300克，鲜奶60毫升，冰块、糖水各适量

╱芒果酸奶冰沙

（做法）①酸奶冻成酸奶冰块；芒果取果肉切块。②留下少许芒果果肉，将剩余芒果与酸奶冰块放入冰沙机中搅拌成细沙状，倒入杯中，撒上芒果果肉。

（重点提示）芒果最好选色泽金黄色的，会比较熟。

红梅果粒冰沙╲

（做法）①将100毫升沸水倒入平锅煮开，放入果粒茶小火煮3分钟，滤出茶汁后以冰缩法冷却备用。②所有材料放入冰沙机中搅打30秒钟即成。

（材料）芒果300克，酸奶250毫升

（重点提示）可以根据情况自由配合加入适量水果。

（材料）红梅果粒茶30克，蜂蜜30克，冰水或白汽水30克，碎冰或冰块250克，沸水适量

材料 橘子1个，红梅果粒茶30克，蜂蜜30克，冰水或白汽水30克，冰块250克

╚═ 橘子冰沙

做法 ①橘子去皮，去子，切小块。②所有材料依序放入冰沙机中，以高速搅打20秒钟，倒入杯中即可饮用。

重点提示 因为冰沙无法过滤，所以要将橘子的子剔去，免得颗粒残留。

猕猴桃汽水冰沙╲

做法 ①猕猴桃洗净，对切后以汤匙挖出果肉。②将所有材料依序放入搅拌机中，以高速搅打20秒，倒入杯中即可饮用。

重点提示 如果嫌猕猴桃的果味不够，还可以加入一点榨猕猴桃汁。

材料 猕猴桃150克，白汽水15毫升，糖水30毫升，冰块适量

材料 水蜜桃果粒茶、蜂蜜各30克，冰水或白汽水30毫升，碎冰或冰块250克，沸水适量

╚═ 水蜜桃茶冰沙

做法 ①取100毫升沸水倒入雪平锅煮开，放入水蜜桃果粒茶小火煮3分钟，滤出茶汁以冰缩法冷却备用。②所有材料放入冰沙机中搅打30秒钟即成。

重点提示 水蜜桃果粒茶煮至颗粒溶化即可。

茉莉花茶冰沙╲

做法 ①将茉莉花茶叶用开水泡成浓茶后备用。②冰沙机内先放入茉莉花茶汁，再加入果糖，最后倒入冰块，打碎成冰沙即可。

重点提示 如果想让冰快点融化，可以加些盐。

材料 茉莉花茶叶7克，果糖45毫升，冰块300克

╲ 香蕉冰沙

做法 ①香蕉取果肉，切3~4片，其余切段。②将香蕉段与果糖、巧克力酱以外的材料入榨汁机中搅匀，倒入杯中。③放香蕉片及果糖，挤入巧克力酱即可。

重点提示 巧克力酱适量点缀即可，不要太多。

杨桃冰沙╲

做法 ①杨桃洗净后，去边再切下1片保留。②将剩余的杨桃切块去子，与其他材料放入榨汁机中一起搅打均匀。③将冰沙粉倒入杯中，放上杨桃片装饰。

重点提示 可多放几个杨桃榨汁，味道更佳。

材料 香草冰激凌2球，香蕉、牛奶、果糖、巧克力酱、冰沙粉、冰块各适量

材料 杨桃1个，菠萝汁、柳橙汁各30毫升，果糖45克，冰沙粉、冰块各适量

╲ 红豆冰沙

做法 ①红豆洗净，加水煮熟，入糖水熬好。②红豆与红豆汤分离，汤冰冻后搅打成冰沙，红豆入搅拌机内打成泥。③红豆冰沙入杯中，倒上红豆泥。

重点提示 红豆煮烂前，不能加糖，否则不易烂。

蓝莓冰沙╲

做法 ①冰沙机内先放入水及蓝莓浓缩汁。②加入果糖及冰块，打碎成冰沙即可饮用。

重点提示 不要将蓝莓全部搅碎，留一些完整的做点缀，吃起来口感更好。

材料 红豆200克，糖水适量，水适量

材料 蓝莓浓缩汁80毫升，果糖20毫升，水60毫升，冰块300克

╰╱鳄梨布丁冰沙

（做法）①将布丁之外的材料一起混合搅打成冰沙。②先往杯中倒入1/3的冰沙，再放布丁，加满剩下的冰沙即可。

（重点提示）冰块太少会无法打成冰沙，可酌量添加，但果糖也要增加。

（材料）鳄梨果肉80克，牛奶100毫升，果糖60克，冰沙粉、布丁、冰块各适量

玫瑰花蜜冰沙╲

（做法）①将干玫瑰花洗净，用凉开水浸泡后取茶汁冷却。②在冰沙机中放入冰块和玫瑰花茶、红石榴汁、鲜奶、蜂蜜，搅匀，撒上玫瑰花即可。

（重点提示）干玫瑰花用冷水冲一下，再用开水浸泡。

（材料）干玫瑰花30克，红石榴汁、鲜奶各50毫升，蜂蜜30毫升，凉开水、冰块各适量

╰╱鸳鸯冰沙

（做法）①先将红茶包冲泡，茶水冷却后备用。②将调好的咖啡、红茶和其他材料倒入冰沙机中，高速搅拌30秒钟后倒入洗净的杯中。

（重点提示）加少许咖啡伴侣，味道更佳。

（材料）意大利咖啡粉10克，红茶包、碎冰、奶精各适量，糖水30毫升

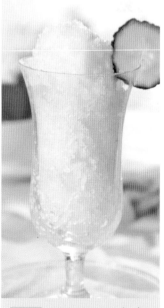

酸奶冰沙╲

（做法）①冰沙机内放凉开水，加入原味酸奶。②柠檬对切，放入榨汁机内榨汁后，置冰沙机内，放入果糖及冰块打碎成冰沙。

（重点提示）买不同口味的酸奶，就可以做成不同口味的酸奶冰沙。

（材料）原味酸奶60毫升，果糖60克，柠檬果肉1/4个，冰块300克，凉开水适量

∠芋香冰沙

做法 ①果汁机内放入100克的水，适量的芋头粉及芋头丁、奶精。②入果糖，搅匀，放入300克的冰块打碎成冰沙即可饮用。

重点提示 冰沙打得越细，口感越佳。

材料 芋头粉30克，芋头丁50克，水100克，果糖60克，奶精、冰块各适量

红酒粗粒冰沙↘

做法 ①将红酒及细砂糖混合，加热至溶解。②放凉后冷冻约1小时取出，搅拌再冷冻。每隔30分钟进行1次，重复5次，至冰沙凝固成粗粒冰糖状即可。

重点提示 不要边打边加红酒，否则冰沙易起泡。

材料 红酒300毫升，细砂糖60克

∠桑葚蓝莓冰沙

做法 ①将冰块、糖水放入搅拌机中搅打成冰沙，倒入杯中，再缓缓地倒入蓝莓果酱。②桑葚洗好后，沥去水分，放在冰沙上即可。

重点提示 桑葚最好用清水浸泡一会。

双色猕猴桃冰沙↘

做法 ①将两种猕猴桃洗净去皮切小块。②将黄金猕猴桃果块与其他一半的材料入冰沙机中搅拌，倒入杯中。③将绿色猕猴桃果块与剩下材料入冰沙机搅打。④两种冰沙混合后即可。

重点提示 猕猴桃要洗净。

材料 冰块、糖水各适量，蓝莓果酱200克，桑葚100克

材料 绿色猕猴桃、黄金猕猴桃各1颗，水50毫升，果糖45毫升，冰块1杯

扫一扫二维码，下载"掌厨"，出现"掌厨"标志和首页后，点击"搜索"标志，输入食材"雪泡"，会搜索出1种雪泡的做法，并可观看视频。

雪泡

功效

　　品过咖啡的醇香，奶茶的浓郁，果醋的酸爽，冰激凌的润滑……唯有那雪泡独独不能用单一的词语将其概括，而这也正是它被人记住的原因。

　　夏天是炎热的季节，也是怀旧的季节，因为让人十分怀念的毕业季就在这个时节。青春的告别式，却并非是它的完结，有些焦躁、有些落寞，此刻最能贴合心情的夏季饮品，非雪泡莫属。澄澈的汁液，微涩的牛奶加果汁，还有那上面漂浮着浪漫的雪白泡沫，似乎有种朦胧美，让人对它心动不已，却又舍不得将其一饮而尽。

　　雪泡是一种近乎完美的饮品，因为相较果汁而言，任何果汁饮品口味都显得单一，缺少变化；而一般的果味牛奶，因为未添加酸的成分，并不能完整地反映水果本身的味道；而雪泡则将果汁和果味牛奶的口感优点完美结合，将我们的味蕾享受推向了另一个巅峰。感受它的微酸袅袅，又意犹未尽，就像那星星点点的泡沫偷偷留在了上扬的嘴角。

　　为了让我们能随时品尝到如此的美味，这里教大家一些常见雪泡的做法，简单易行，在闲暇之余可以为自己做上一杯。

⌇草莓雪泡

（做法）将备好的草莓浓缩汁、糖水、鲜奶、冰激凌、碎冰一起放入冰沙机中，搅打30秒钟左右，即可饮用。

（重点提示）如果是新鲜草莓要用中速搅打，如果是浓缩汁就要用低速搅打。

（材料）草莓浓缩汁30克，糖水30克，鲜奶90克，冰激凌1大球，碎冰100克

椰浆鳄梨雪泡⌌

（做法）①鳄梨洗净，去皮切块备用。②所有材料放入冰沙机搅打30秒即成。③加上1颗冰激凌即可。

（重点提示）因为蜂蜜本身已含有糖分，所以饮品不必再加糖。

（材料）鳄梨120克，椰浆奶60克，蜂蜜45克，白汽水、冰激凌、碎冰各适量

⤝翡翠雪泡

做法 将薄荷蜜、汽水、琴酒、白细砂糖、冰激凌、碎冰一起放入冰沙机，搅打30秒钟左右，即可饮用。

重点提示 可先将砂糖溶化后再加入。

花生雪泡⤡

做法 将脱皮花生、花生粉、糖水、鲜奶、冰激凌、碎冰一起放入冰沙机，搅打30秒钟左右，即可饮用。

重点提示 花生泡水时间长一点，会更好脱皮。

材料 汽水100毫升，冰激凌、琴酒、薄荷蜜、白细砂糖、碎冰各适量

材料 脱皮花生16克，花生粉8克，糖水、鲜奶、冰激凌、碎冰各适量

⤝樱桃雪泡

做法 ①樱桃糖浆、鲜奶、红樱桃、碎冰一起放入冰沙机搅打30秒钟左右。②盛入杯中，再加上1球冰激凌即可。

重点提示 樱桃容易滋生小虫，最好先在淡盐水中泡一会，再洗净。

小麦草雪泡⤡

做法 ①小麦草洗净切小段。②将所有材料放入冰沙机，加入冰水搅打30秒钟，过滤即成。

重点提示 小麦草榨汁后最好不加糖，因其本身已有天然的甘醇和芳香。

材料 红樱桃60克，樱桃糖浆15克，鲜奶90克，冰激凌1中球，碎冰100克

材料 小麦草20克，小麦草浓缩汁45克，糖水30克，碎冰、冰水各适量

扫一扫二维码，下载"掌厨"，出现"掌厨"标志和首页后，点击"搜索"标志，输入食材"刨冰、冰棒"，会搜索出5种刨冰、冰棒的做法，并可分别观看视频。

238

蔬果汁6000例

刨冰冰棒

　　烈日当头，来一根老冰棍；或是在挂满星星的夏夜，来一碗刨冰，聊着不着边际的话，那种惬意无可比拟……

　　刨冰，是将冰块刨成雪花，淋上炼乳、糖浆，再配以各种水果或其他配料而制成的高档冷饮，吃起来口感细腻，入口即化，糖分不多，消暑降温效果特佳，多吃不会有饱胀感。在

台湾很流行，所以素有"台湾刨冰"之称。通常将冰块刨成细细的冰沙，再加入各种干果、水果及牛奶、果汁等而形成的一种五颜六色的雪冰。其制作简单，各种口味可随意调配。

　　冰棒又叫做冰棍、冰糕，是大家最熟悉的一种冷食了，它不像冰激凌一样含有大量的奶油，故而芳香甜腻，口感柔软，它很简单，将果汁、牛奶等冻成冰块即可。冰棍通常成本较低，将水、果汁、糖、牛奶等混合搅拌冷冻而成，一般为长条形，中有细棍儿，一端露出，可供手持。由于冰棒是一块冰，所以口感是脆的，夏季食用特别解渴解暑。

　　这里向大家介绍几种刨冰和冰棒的做法，让您的唇齿在炎炎夏日感受丝丝清凉。

∠仙草冻锉冰

[做法] ①果冻粉加水拌匀。②将仙草茶煮沸后入糖、果冻粉加水拌匀，冷藏即成仙草冻，将其切块，将大冰块刨出清冰备用。淋入糖水，入仙草冻块即可。

[重点提示] 仙草冻切成丁更易食用。

芒果冰↘

[做法] ①芒果洗净去皮，切丁。②将大冰块入锉冰机中，刨出清冰。③清冰中放芒果丁，淋芒果酱汁，入炼乳即可。

[重点提示] 加入炼乳后搅拌一下，味道更均匀。

[材料] 仙草茶500毫升，果冻粉15克，糖30克，糖水3大匙，大冰块1块

[材料] 芒果300克，芒果酱汁130毫升，炼乳2大匙，大冰块1块

⌇红豆牛奶锉冰

做法 ①将大冰块放入锉冰机中，刨出1盘清冰备用。②于清冰上淋入糖水，再放入蜜红豆，最后倒入炼乳即可。

重点提示 可以先将蜜红豆放入冰箱冰镇一下再用，口感会更好。

材料 蜜红豆160克，糖水1大匙，炼乳2大匙，大冰块1块

芋头锉冰⟍

做法 ①芋头去皮切块。②将芋头蒸熟移入微波炉中，加砂糖与热水，煮至糖溶化，即为蜜芋头。③放冰块刨出1盘清冰，将蜜芋头放入，淋糖水即可。

重点提示 用冰镇后的糖水更佳。

材料 芋头450克，砂糖150克，热水200毫升，糖水2大匙，大冰块1块

⌇蜜豆冰

做法 将刨冰放入容器内后，加入适量的蜜红豆，最后浇淋上适量糖水和炼乳即可。

重点提示 选购时注意挑选颜色较红的红豆，这样制出的冰味道更佳。

芋头鲜奶冰⟍

做法 ①芋头去皮洗净，切片，煮熟，取出压成泥。②将糖、热水调匀，煮至糖溶化。③将芋泥与糖水、鲜奶搅匀，待凉后分装入模型中，冷冻。

重点提示 冷冻时要隔段时间搅拌一下。

材料 蜜红豆200克，刨冰1碗，糖水适量，炼乳适量

材料 芋头200克，糖50克，鲜奶50毫升，热水少量

◣菠萝冰棒

【做法】①菠萝取肉切条，加水煮滚，再加入砂糖搅拌均匀，糖溶化后熄火。②待凉后放入冰棒盒中，冷冻至结块即可。

【重点提示】在搅拌果肉的过程中加入用开水化开的糯米粉，口感更佳。

酸梅冰棒◢

【做法】①取淀粉和水拌匀。将红酸梅和水煮沸，放砂糖，加水淀粉勾芡拌匀，即为酸梅汁。②待凉，冷冻即可。

【重点提示】因为酸梅味道较酸，可以适当地加一些鲜奶进去。

【材料】菠萝200克，砂糖60克，水300克

【材料】淀粉1大匙，水900克，红酸梅80克，砂糖120克

◣红豆牛奶冰棒

【做法】①红豆洗净浸泡，煮熟。②取出红豆放入微波炉，入砂糖、鲜奶、炼乳拌匀，煮至浓稠。③待凉后入冰棒盒模型中，再插入冰棒棍，冷冻即可。

【重点提示】红豆煮烂前不可加糖。

绿豆冰棒◢

【做法】①绿豆洗净煮滚。②加糖拌煮至入味，加水淀粉勾芡。③待凉入冰棒盒模型中，再插入冰棒棍，冰冻即可。

【重点提示】如果觉得豆沙不够浓，可以继续用小火煮，直至浓稠。

【材料】红豆150克，砂糖130克，鲜奶150毫升，炼乳100毫升

【材料】绿豆100克，糖80克，水600克，水淀粉适量